宇宙旅行学

新産業へのパラダイム・シフト

パトリック・コリンズ著

東海大学出版会

Space travel as a new industry

Patrick Collins
Tokai University Press, 2013
ISBN978-4-486-01925-1

目次

プロローグ

宇宙旅行とは

宇宙旅行学

毎年四月一二日に、宇宙活動に興味をもつ人たちが、世界中で「ユーリズナイト」(Yuri's Night)というパーティーを行っていることを皆さんはご存じでしょうか?

この日は、ユーリ・ガガーリンが一九六一年に人類として初めて宇宙飛行を成功させた日であり、今も世界中でこの偉業を祝っているのです。しかし、われわれは彼に謝らなければならないとは思いませんか?

もしガガーリンがまだ生きていたら、宇宙活動の現状にがっかりして、怒りさえおぼえたでしょう。なぜなら、彼の先駆したすばらしい偉業に対して、私たちはこの半世紀もの間、その偉業をただ繰り返すだけで、いまだに同じロケットを使い、なんの進歩もしていないからです!アメリカ人でも、宇宙に行くためにロシアのロケット(ソユウズ)に乗るしかない。

彼はきっとこう言うはずです。

「二一世紀には、私の孫も気軽に宇宙に行けるはずだった。なぜそうなっていないのか?」

「宇宙に行くことはみんなの夢だと思っていたが、もう夢を捨てたのか? 科学技術の進歩は終ったのか?」

「みんなが宇宙に行けるように、私の想いをちゃんと受け止めて実現してほしい!」

よって「ユーリズナイト」とは、彼にお詫びをすると同時に、これからの再出発を誓う日にすべきであると思うのです。

そして新しい時代への再出発を願い、私はこの本を執筆することにしました。

二〇一三年現在、残念ながら宇宙旅行はまだ実現できていません。人間が宇宙に行くための活動は、見当違いの方向に時間と労力を費やし、高額な費用のために行き詰まりながら、半世紀を過ごしてきました。こうなってしまったのは技術的な問題ではありません。誤った政策のせいである。

二〇一一年は、ガガーリンの偉業（一九六一年）から五〇周年になって、人類が初めて宇宙に行ってからすでに半世紀となった。宇宙への第一歩は、人類の歴史の中でいつまでも忘れられない日でした。それからの新しい歴史のスタートとなることを願うばかりです。

ガガーリンはかつて、人間がロケットを使って地球軌道に入るという、数十年に及ぶエンジニアたちの夢を実現しました。ガガーリンの飛行は二時間弱という短いものでしたが、地球を周回できる速度の秒速八キロメートルまでの加速、無重力、秒速八キロメートルからの再突入という厳しい環境に、人間が耐え得ることを証明しました。そして、人間が適合できる人工環境を守りながら、宇宙に行って還ることのできるロケットをつくる能力があったのです。驚くべきことに、一九五〇年代に設計されたロケットが、二一世紀の初旬である現在においても、いまだに宇宙に行くためのいちばん安くて確実な手段であるということです！

もちろん、使い捨てロケットだから1回しか使えませんが、ロシアの宇宙エンジニア達は一七〇〇機以上も同じロケットをつくっており、もはや大量生産といってもいいでしょう。シンプルで信頼性が高くて、丈夫ですばらしい設計です。しかし、人間の輸送システムの歴史の中で、初めて誕生してから半世紀もの間、技術の進歩がないことも確かなのです。

メディアが報じる「宇宙旅行」には、高度で未来的なイメージがあります。しかし、実際の宇宙旅行はとても単純で身近なものなのです。各国の宇宙機関は総額で二〇〇兆円にも及ぶ巨額な予算を費やしたので、「宇宙技術＝莫大な資金」という既成概念ができあがってしまったのでしょう。宇宙機関が浪費した五〇年間という進歩の少ない長い年月そのものが、宇宙輸送を安くすることにまったく興味がなかったことを実証しています。一九六一年にできたものは、現在であればもっと安くつくれるはずなのです。例えば、インターネットや携帯電話、ＤＶＤやブルーレイ、カーボンファイバーや光ファイバー、ボーイング７８７などを考えてみましょう。一九六一年といえば、ＣＤプレイヤーはもちろん、電卓すらも発明されていなかった時代であり、コンピュータ、カラーテレビ、ＦＡＸなどは、ほとんどの人が見たこともなかった時代です。

この本で説明していくように、宇宙旅行は航空産業の延長として発展すべきです。しかし、世界の宇宙機関は毎年三兆円の予算を使っているが、政府からの宇宙旅行のための開発予算がまったくないのです。政府が早く予算を出せば、宇宙旅行はすぐにでも実現可能だというのに。

最後に、「宇宙旅行学」というタイトルについてお話しします。読者は「宇宙旅行は学問ではないのではないか?」と思うかもしれません。しかし、著者は二五年以上もこのことについて研究してきました。この本で説明している宇宙旅行の便益と可能性については、ほかのところでは教えられていません（ただし私は、法政大学でこのことについて講座を一つもっている）。

各国の宇宙機関の人々はこれを知らないかその重要性を理解していないのです。残念ながら、宇宙政策について、政府へのアドバイスは宇宙機関からだけという国がほとんどなのが現状です。宇宙機関が政府に与えるアドバイスでは、宇宙活動の商業化と新しい雇用の創出は難しく、政府が現在のように今後も毎年三兆円の補助金を続けなければ、いつもと同じ宇宙活動は終わるといいます。宇宙旅行とその経済と社会への便益について、政府の代表に何も言わずに黙ったままです。

このおかしい状態のため、宇宙旅行学についての真実を皆さんに教える責任を感じています。私はこの本で、半世紀にわたる宇宙政策の誤りを正し、遅れを取り戻すことから始めたいのです。

この本のテーマの宇宙旅行学は、半世紀前から大学や学校などで常識として教えられるはずだと私は思っています。その上で、この本で説明している宇宙旅行産業では、たくさんの日本の企業が既に仕事をしていて、百万人の日本人が雇用できたはずだと思います。しかし実際は、毎年三千億円の補助金を使って、六千人だけを雇用しています。この失敗から、現在生きている人達は皆、今まで半世紀も続いている技術開発の歴史の膨大な歪みの被害者です。この半世紀中、政策の責任者は、第二次世界大戦に発明された非常に重要な技術を国民の便益のためにまだまだ充分利用させていません。この政策の失敗の大事な結果は世界中の高い失業率です。読者の皆様はご存知かと思いますが、世界中の失業率は数十年ぶりに高くなってきています。重要な原因は先進国の新産業不足の危機です。大型ロケットを初めて開発していたドイツ人達の夢は、一般の国民の宇宙旅行を実現しようとしていました。しかし、戦争中に行ったため、大型ロケットは最初にミサイルとして利用されました。そして戦後数十年中、旧ソ連と米国の政府は一万基の長距離ミサイルの製造に数兆ドルを費やしました。その上、先進国の政府は軍事以外の宇宙活動を行うために、宇宙局という団体を設立しました。しかし、この団体が今まで二兆ドルを使ってしまったのに、商用宇宙活動はまだほとんど実現していません。なぜかというと、宇宙局の考え方は間違っているからです。宇宙へ行くことは特別な活動として、宇宙飛行士として政府の職員しか参加しないようにしています。誰でも安く、安全に宇宙へ行ける可能性に全然興味ないのです。しかし、一般の人たちが消費者として参加しない限り、宇宙活動が成長しなくて、納税者の負担として続くだけです。これとは対照的に、航空産業のように、できるだけたくさんの人達が乗客として宇宙へ行けるようにすれば、宇宙旅行産業は早く成長して、二一世紀中、数千万人を雇用する大規模になれます。

数分の宇宙までのサブオービタルな飛行だけでも魅力的な経験だと言われています。下まで速く落ちる地球を眺めながら、空の色がどんどん紺色になって、最後に大気圏から出たら真っ黒の中で星は輝くことになる。そしてロケット・エンジンが止まったら、天国みたいに、無重力に浮かぶことになります。これは人類の新しい環境です。これから無限の冒険と歴史的な行為は宇宙で行います。軌道上ホテル、月面の都市、小惑星と彗星の産業利用、そして無数の観光地。また、重要なことは、宇宙は若い世代の人生の舞台になるはずです。だからこそ、子供達が長い間、ずっとやって欲しいと願っていた宇宙旅行サービスが実現すれば元気になります。そして、宇宙旅行産業を実現しながら、世界中のたくさんの重要な問題の解決に貢献します。これは信じられないか言い過ぎていると思う読者こそ、是非、この続きをよく読んで下さい。全部真実です。宇宙旅行学についての説明を読んだら、やはり宇宙政策の失敗のために、人類の負担している損失が極めて長くて大きいとわかります。そしてこの政策を早く直す方が究極的に望ましいので、宇宙旅行運動のメンバーになって、一緒にその実現に貢献して下さい。

新しい宇宙活動のパラダイム

誰でも初めて宇宙に行くと、たとえそれが数分だけのサブオービタルな飛行であっても、死ぬまでその経験は忘れられないものになります。ましてや宇宙ホテルへ旅したり、無重力下で数日間暮らしたり、さらに宇宙ホテルで働いたりすることも魅力的でしょう。施設はどんどん巨大化し、無重力オリンピック・スタジアムもつくられ、月面旅行もドームシティも実現します。もしかしたら将来、宇宙に暮らす人数は地球より増えるかもしれませんね。二二世紀か二三世紀までに長期的に考えると、人類がいつまでも地球にとどまって、ほかに行こうとしないとは信じられません。太古、人間がアフリカから移動して広がったように、これからも必ず、ほかの場所を探して移動するようになるでしょう。地球を出て宇宙に行くというのは自然な考え方なのです。今までの歴史をみれば、人間の活動はアフリカから北極まで広がり、鉄道、自動車、飛行機、ロケットなどを製造しながら成長しています。宇宙に住むことは人間らしい活動であると私は思います。

近代化は人口を増加させ、地球環境を悪化させているため、経済成長を終わらせる必要があるという声もありますが、この考えは人間らしさを否定するものです。昔から人間は、問題を解決するために新天地を求め、常に発展を続けてきた動物なのです。

しかし、この流れはここ五〇年行き詰まりに近づいています。なぜならこの半世紀のパラダイムが間違っていたからです。この「一般の人達が参加しないような宇宙開発を行う」というパラダイムはもう完全に壊れています。使い捨てロケットが高額過ぎて需要もほとんどない現在、このパラダイムが失敗したことは明らかでしょう。このパラダイムに基づいて、今まで宇宙活動に二〇〇兆円を使ってきたのに、宇宙の利用はほとんど進んでいません。この失敗が原因のひとつとして、先進国の経済は行き詰まり、破産寸前になっています。

今こそ、よりすぐれたパラダイムを使う時が来ました。それは「一般の人達が参加する宇宙利用から便益を受ける」というパラダイムです。日本は、約七〇年前に開発した「秋水」というロケット飛行機（下記に参照）のような宇宙機のプロジェクトを早急に開始すべきなのです。もっと言えば、新しいパラダイムは「一般の人が望むサービスを提供する」というだけのことで、決して珍しいものではありません。資本主義ではあたりまえの基礎的な考え方ですが、こうした工夫は宇宙産業ではまだ使われていないのです。

最近は、一般の消費パワーを使って宇宙旅行産業を育てるというアイデアが、欧米でだんだん理解されてきています。パラダイムシフトは、すでにアメリカでは浸透し、活性化しはじめているのです。しかし、日本の指導者はこのアイデアについて話をしません。日本人がこの問題を検討すれば、数十年間悪化している問題の解決に貢献することができるとわかりますが、残念ながら、高齢の指導者は若い人の考え方を理解していないことが多いものです。現在の若い人達は、宇宙旅行の考え方に小さい時から慣れているので、この新しいパラダイムをすでに理解して準備しています。

日本の宇宙旅行運動には、明治維新のように、新しい世代から優れた指導者が出てくると期待しています。「若者たちよ、おこたりなく準備し、志、自信、勇気をもって、日本人らしく、早く、効率的に進歩して下さい！　もう無駄に使える時間がない」と私は若い読者に言いたいのです。これからも時間の浪費が続けば、日本はほかの国に追いつかれ、衰退が止められなくなります。そうなると、今後、日本が再び最盛期を迎えることはないでしょう。日本の最盛期は六〇年代から八〇年代だけまでの短期間だったということになってしまいます。

歴史学者は、成功した文明がなぜ滅ぶかということを研究しています。国の指導者が必要な変化に対応できなくなるため、だんだん衰退して、滅ぶという理論があります。特に大成功している国にそのリスクの可能性が高いのです。成功している国の指導者は自分の考えとは異なるアドバイスを受け入れにくいものです。例えば、お世辞をよく言う文化の中で世界一になったら、違うことしようという考えは通りにくいでしょう。

明治維新寸前の幕府がよい例でしょう。幕府の力が衰えていたため、外からの脅威に対して必要な政策を実行することが全くできませんでした。しかし、当時の日本には強い運があった。革新的で勇気をもつ若者たちが幕府を倒し、欧米列強の植民地になってしまう脅威から日本を救ったのです。

現在の「失われた二〇年」が幕末当時と同じだということは、二五年前の「前川レポート」から明らかでしょう。日本経済は、外からきた大きな円高ショックのために深刻な不況になりました。そして政府は、内閣の私的諮問機関である国際協調のための経済構造調整研究会にアドバイスを求めたのです。座長の前川春雄氏の説明は「円高のために多くの古い産業の輸出が継続できなくなったので、新しい産業の設立と成長の必要性がある」ということでした。

過去を振り返ると同じ一九八六年に、宇宙科学研究所の長友信人教授は『宇宙観光旅行』という本を出版し、私は初めて国際会議で宇宙旅行産業の経済への便益について発表しました。その三年後の一九八九年に、清水建設の研究者は宇宙ホテルの設計について国際会議で発表しました。それから四年後の一九九三年には、長友先生の指導力により、日本ロケット協会が世界で初めての「宇宙旅行研究企画」を開始しました。一九九〇年から一九九五年にかけて、リモートセンシング技術センターの輿石肇博士は東京で研究者を集めて「小惑星研究会」の会議をおこなって、小惑星や水星にある資源の利用について研究を進めました（ガスプラという小惑星の写真が一九九一年に世界で初めて撮られました）。一九九五年、米宇宙輸送協会はＮＡＳＡと協力して宇宙旅行研究を始め、一九九八年に宇宙旅行を推薦した共同レポートはＮＡＳＡの経済的に最も価値の高いレポートになりました。そして同年、日本経団連のレポートでも宇宙活動の商業化として宇宙旅行の唯一の価値は認識されました。

しかし、日本の悲劇は、政府が一九八六年の前川レポートのアドバイスを受け入れず、日本人の研究者の提案しているイノベーションを支援するより、古い産業への投資に基づく経済運営をおこなったことです。このため数百兆円の投資が不良債権になり、バブル経済は終焉を迎えました。二千ケ所のゴルフ場や五千もの第三セクターのプロジェクトなども破産して終わりました。

現在、アメリカで、宇宙旅行のパラダイム・シフトはだんだん受け入れられているのに、先駆者であった日本では未だ受け入れられていません。政府に以前から残っている「古いパラダイム」を守るためです。これは既得権益に対して抵抗できない明治維新寸前の幕府とまったく同じではないでしょうか？　日本がこの新しい基幹産業に投資を拒否している間に、従来からある産業は韓国と中国に追いつかれてきています。

私はこれらを「新宇宙パラダイム」としてまとめました。

Column

日本のハブ空港はインチョンだ！

航空産業では「ハブ空港」は地域に便益をもたらす。ハブ空港は長い滑走路からたくさんの外国の空港までの便が飛ぶ国際空港である。小さい空港からたくさんの便はハブ空港まで飛んで、そこで乗客は国際便に乗りかえる。従ってハブ空港のおかげでたくさんの交通、ビジネス、雇用をつくりだす。

読者は日本のハブ空港がどこにあるか知ったら驚くだろう。それはインチョン空港で韓国のソウル市のすぐ側の空港である。成田、羽田、関西空港でもない。なぜなら、韓国政府がハブ空港の便益をはやく理解して、インチョンの利用を航空会社に使いやすくした。使用料を安くして規制を緩和して二四時間運用を可能として、関税の事務も対応した。

これに対象的に、日本の空港使用料は高く、営業時間も限られており、航空会社には比較的不便である。しかし、航空産業と空港には国際競争はとても厳しい。インチョンは日本からそんなに遠くはないから韓国の良いビジネスチャンスになった。

航空産業はすでにこの数十年の間、国際競争のために費用が安い国にはアドバンテージがあり、大韓航空の方が日本航空と全日空より安い。二〇〇九年から二〇一〇年まで日本航空の一兆円の赤字をみれば、日本はこの問題に十分早く反応しなかった。

もし、政府が宇宙旅行産業をすぐに支持しなければ航空産業を失うだけでなく宇宙旅行産業も他の国に持っていかれるリスクがある。

Column

新宇宙パラダイム

NEW SPACE PARADIGM
～国民への宇宙空間の開放～

NEW SPACE PARADIGM とは
「宇宙業界における航空業界的な世界へのパラダイムシフト」
今までの宇宙パラダイムを新しく変え、政府や特別な人が独占してきた宇宙空間を一般国民が利用できるように開放する。

■ビジョン（宇宙旅行の目的）：何のために提唱しているか?
「国民への宇宙開放により人々に幸せをもたらす」

宇宙旅行産業を創出し、宇宙に進出し、無限の可能性のある宇宙空間を誰もが利用できる世界を創造し、国民に解放することで、人々を幸せにする。

■メリット（宇宙旅行の便益）：何をもたらすのか?

「国民の夢と希望と雇用の実現と多くの貢献」

この世界の創造は人類の究極の目標であり、多くの人の夢と希望であり、そして、宇宙旅行産業創出などの多くの社会と経済貢献と宇宙資源利用により世界平和への貢献をもたらす。

■ワールド（宇宙旅行のつくる世界）：どのような世界をつくるのか？
「誰もが自由に宇宙に行き、利用できる世界」

現在の政府独占の宇宙開発とは異なり、航空業界のように誰もが安価に安全に快適に宇宙に行くことができ、多くの人が宇宙を利用して、宇宙で仕事をする世界。

■マインド（志）：どんな思いでのぞむか？
「実現を信じて、誤った宇宙政策を正しく導く」

これは宇宙ルネッサンス（第7章参照）と呼べるようなもので、大きな変革をもたらすものであり、今までの宇宙政策の誤り（失われた半世紀）を、志をもって、実現を信じて、正しく導く。

■リード（方法）：どうやって実現させるのか？
「段階的開発による宇宙輸送費の超低価格化の実現と正しい理解」

サブオービタルからスタートする段階的開発による宇宙輸送費の超低価格化の実現と国民がこのパラダイムを正しく理解することが重要なポイントであり、実現に導く。

私がイギリスから日本へ来た理由

自分の国にいるときは気がつかないが、外国人として暮らし始めるとわかってくることもある。

私は二〇年間日本に住んでいる。外国人の私から見ると、日本は近代化されたすばらしい国であり、協調することが得意な人々が住んでいる。ほぼすべての産業分野で日本企業は能力が高い。一億三〇〇〇万の人がいて、給料もそれなりに高い。このような環境にある日本では、新しい産業の創出による内需の拡大が企業を成長させる可能性をもっている。

しかし近年、日本は「何をすべきか?」がわからなくなって長期混迷を続けている。よい方向を模索しているが、進むべき道を決められないようである。一九八〇年代後半の非現実的なバブル経済後の長い不況で「失われた一〇年」が「失われた二〇年」になり、さらに長引くリスクもある。現在も所得格差が拡大しており、結果として、若い人たちは社会不安と貧困に悩む被害者となっている。近年、格差の問題を抱えるアメリカのウォールストリートをはじめ、世界八〇カ国、一〇〇〇都市まで反格差デモが拡大している。

私は、経済、環境、エネルギー、宇宙活動の商業化について研究している。私には日本が将来、平和的に成功するために「何をしたらよいか」という具体的なアイデアがあり、この本でそのアイデアのひとつを示して説得してみようと思う。

私は、一九八〇年代にインペリアル・カレッジ(当時、ロンドン大学の一部)で働いていた。教えていたのはビジネス経済学で、宇宙から地上に太陽エネルギーを電波で送る太陽発電衛星(SPS)と宇宙旅行産業の可能性についての研究をおこなっていた。一九八五年に完成したドクター論文のテーマは太陽発電衛星の経済性であった。

一九七八年から一九八五年にかけて太陽発電衛星の研究者として働き、世界中の太陽発電衛星の関係者と知り合いになった。毎年行われる「宇宙エネルギーシンポジウム」では、宇宙科学研究所（ＩＳＡＳ）宇宙エネルギー部門の担当者だった長友信人教授と知り合うことができた。また、一九八九年にスペインで行われたコンファレンスでは、清水建設の社員が、宇宙ホテルの経済性についての研究発表をした。ここで発表された「宇宙旅行の可能性とコスト分析」という論文は打ち上げ費用に特化した分析がしてあり、とてもすばらしい内容だった。

それから、長友教授と清水建設の関係者に会うために日本を訪ねることにした。ロンドンの工学協会の補助金を受けることができ、清水建設の鈴木部長と宇宙科学研究所の秋葉鐐二郎教授のお陰で、一九九〇年八月から九月にかけてＩＳＡＳ（現ＪＡＸＡ、宇宙科学研究所）で働くことができた。

長友先生にお会いして、太陽発電衛星についての話をした。そこで、彼が『一九九二年：宇宙観光旅行』（読売新聞社）という本を一九八六年に出版していたことを聞き、私はとても驚いた。私はこのとき、イギリス人のデビッド・アシュホード氏という宇宙旅行の研究者と一緒に『宇宙旅行マニュアル』という本を上梓したばかりだった。長友先生はその二、三年も前に宇宙旅行についての本を出していたのである。そして、同じ結論に至っていたため、私は彼をすばらしい研究者だと思ったのである。

一九九〇年に宇宙旅行の研究をしている研究者は世界的にみても非常に少なく、ほとんどの人たちには面識がなかった。そのような時に長友先生にお会いして、互いの本を交換し、同じ考えをもつ大切な友達になっていった。

彼が一九九一年から一九九二年にかけて宇宙科学研究所の招聘研究員として招待してくれたので、私はその間インペリアル・カレッジを休学することにしたが、さらに法政大学から三年間の客員教授として招待されたのを機に、ロンドン大学を辞めることにした。

その後五年間、東京大学の先端科学技術研究センター（ＲＣＡＳＴ）の客員研究員になり、さらに五年間、宇宙開発事業団に招聘研究員として働き、そして現在、麻布大学の教授として教鞭をとっている。

日本の人たちの親切なもてなしのお陰で、外国人の研究者としてすばらしい研究ができたことにとても感謝している。私は研究を通じて様々な重要なイベントに招待講演者として招いていただいた。二〇〇三年のＡＩＡＡのライト兄弟の初フライトの一〇〇周年の大会では、宇宙産業の将来についての招待講演をつとめたこともあった。しかし、これらで発表した私の研究に基づくアイデアは、他の国ではすでに受け入れられることが決まっているが、残念ながら、日本ではまだ受け入れられていない。この本で後に示す私のアイデアに必要な政策のイノベーションはまだ実現されていないのである。

しかし、日本における政治的・経済的な現状をかんがみて、技術の面で何が可能かを理解すれば、これから経済を活性化するために、日本人の能力を最大限に活かす方向はこのアイデアであることが明らかになるはずである。私は、日本もこのアイデアに参加することを願っている。宇宙旅行という新産業は二〇世紀の航空産業のように、二一世紀に大きな影響を与えるだろう。

この本は、残念ながら二〇〇七年に亡くなった宇宙工学の天才・長友信人教授（宇宙科学研究所）のために書いたもので、彼に捧げるものである。彼が私に言ったことでとても印象に残っている言葉がある。

〝You must tell them what they must do!〟「何をすべきか？　どんどん人々に伝えなさい」まさに、彼のアドバイスに従って、私はこの本を書いたのである。このことを彼も喜んでくれるだろう。

また、この本は宇宙に行かせてあげたかったが、すでに亡くなってしまった同僚の舟津良行さん、トム・ロジャーズ氏、マックス・ハンター氏や、現在、日本や他の国で宇宙旅行産業を実現するために働いている多くの同僚に捧げたい。彼らが望んできた宇宙旅行ブームが、経済破綻、資源戦争、大規模災害、環境破壊、文化の衰退などのさまざまな危機から地球を救うだろう。

宇宙旅行を実現するための「宇宙旅行運動」を推進している彼らは、やる気があり、明確なビジョンを持ち、革新的で、決して諦めず、やらなければいけないことに集中することができるすばらしい人たちである。このような人たちがいることを読者に理解してもらいたい。

読者には、この本で示すプロジェクトが、「宇宙旅行」というイメージで抱く夢やファンタジーの世界ではなく、半世紀以上続いている宇宙政策の重要な誤りを正す現実的な計画であることを知ってほしい。

現在、徐々に始まり、しだいに成長している宇宙旅行運動の流れはとどまるところを知らず、五十年間に及ぶ誤った宇宙政策による問題を見直すことになるだろう。そして、この計画の実現は、想像でき得る限りの、すばらしく、わくわくする未来を子どもたちに与えると信じている。だから元気でやりましょう！

Column

太陽発電衛星および宇宙旅行

私のドクター論文の大事な結論の一つは、「太陽発電衛星が電力を充分安く供給するためには、打ち上げ費用、すなわち宇宙輸送費を約九九％カットしなければならない」ということであった。これを実現するためには「何度も使用できる再使用型宇宙輸送機」と「航空産業のような大量需要、大量運用」が必要で、この候補として宇宙旅行は最適であり、宇宙旅行サービスは、現在の航空産業のように大規模なビジネスに成長しなければならないとわかった。現在の宇宙産業は非常に小さく、毎年、世界中で五〇回ほど打ち上げているにすぎない（すなわち週に一回程度である）。それに対照的に、航空産業の世界では成田空港程度の一つの空港だけで一時間に五〇便は飛んでいる!宇宙輸送が航空産業のように安くなるためには、多くの飛行回数が必要で、そのためには大量需要が必要で、同じように大勢の乗客を運ばなければならない。

Q&A「教えてコリンズ先生」

宇宙旅行を理解していただくにあたり、この本で説明しているポイントをQ&Aにして簡単にまとめました。

Q1　コリンズ先生はいつごろ、なぜ宇宙旅行に興味をもったのですか？

一九七〇年代後半から、イギリスの大学で宇宙から地上まで電波で連続的に太陽エネルギーを供給するプロジェクト（太陽発電衛星）について研究しました。重要な結論として、打ち上げ費用を大幅にカットしないと、高すぎて実現できないことが明らかになりました。そのために、再使用型ロケットを飛行機のように大量運用する必要があり、そして打ち上げの需要が大規模まで成長するサービスは一般の国民のための宇宙旅行のみだろうと言う考えに至りました。これに賛同している日本人の研究者と会ったら、共同研究をしながら、やはり経済政策として極めて重要だと思って、止められなくなりました！

↓プロローグ：　イギリスから日本に来た理由

Q2　宇宙旅行は、そんなに大事なことでしょうか？　私たちの生活がどう変わるのでしょうか？　単なるお金もちの

ための娯楽のみではないのですか？

一九五〇年代にジェット旅客機に乗った人はお金持ちだけだったが、サービスがすぐ拡大し、誰でも乗れることになりました。宇宙旅行は同じでしょう：誰もが自由に使えるサービスになります。それにより、単なる娯楽ではなく、雇用、経済、環境、教育、観光、研究など（これを宇宙旅行のK6と呼ぶ）様々な社会貢献を果たす活動になります。第2次世界大戦に「秋水」という世界第二のロケット飛行機を造った日本にとっては、この革新的な新産業の便益を受けることに対して既に半世紀遅れてしまっているので大変もったいないです。

↓第一章　嘘のような本当の話

Q3　宇宙旅行は、なぜ実現できていないのでしょうか？

宇宙旅行は技術的には半世紀前から始まることができ、そのまま始まったら今頃は大規模な産業になっていたでしょう。残念ながら、国の機関の宇宙局のNASAやJAXAなどは技術開発を目的にしていますので、宇宙旅行のような国民のためのサービスの実現に興味がなく、今まで何もやってこなかったのです。今米国で宇宙旅行サービスを実現しようとしているのは宇宙産業ではなく航空産業です。

↓第三章　失われた半世紀

Q4　宇宙旅行は本当に実現できるのでしょうか？危なくないのでしょうか？

宇宙旅行は現在のミサイルのような使い捨てロケットに基づいている宇宙開発の延長より、航空産業のような世界になります。飛行機のように何度も飛ぶ乗り物（宇宙旅客機）が使われます。最初の段階として、サブオービタルな宇宙旅行は実現しやすいので、技術的な課題はありませんが、問題はお金だけです。これは民間レベルではかなりの高額の投資が必要になりますが、政府の宇宙予算の数％程度しかないので、政府がその意義、便益を理解すれば日本でも早く支援すべきです。

→第四章　宇宙旅行実現のための基本技術

Q5　宇宙旅行にはいくらで行けるようになるのでしょうか？

宇宙旅行産業は複数の段階で発展すると考え、航空産業のように、サービスはどんどん安くなります。最初のサブオービタル段階の開始から１０年後には一人数十万円まで安くなります。次に、軌道上滞在（オービタル）サービスは、３０年後には一人数百万円まで安くなります。この活動が生み出す経済成長のお陰で、今後半世紀の平均給料は現在の数倍になるので、これらのサービスは大人気になると考えられます。

→第五章　需要・人気

Q6　宇宙旅行の経済効果は？実現するための必要な投資はどれぐらいでしょうか？

現在、世界中の失業率は50年振に高く、このとても良くない現状の基礎的な原因は激しい「新産業不足」状態です。大手企業が既存の産業を人件費が安い国々に移転するにつれて、先進国での仕事は減ってきています。対策として、大規模まで成長する宇宙旅行産業を創設すれば、航空産業のように国内雇用を大いに増やす。なぜなら、50年前から可能だったからで、この唯一のサービスの需要は爆発的に成長すると思います。また、宇宙旅行産業が実現する安い打ち上げシステムを使えば、人間の経済活動は無限に宇宙へ拡大することができます。始めるために、必要な投資は宇宙局の予算の数%だけなので、できるだけ早く始まれば良いでしょう。

→第二章　宇宙旅行の意義と便益

Q7　スペースコロニーなどSFで描かれた世界はいつごろ実現できるのでしょうか？

宇宙旅行により「誰もが自由に宇宙に行ける」ようになると、宇宙は地球の生活圏の拡大の場となり、ホテル産業、エネルギー産業、メーカ、研究者、保安庁などの多くの人々が宇宙に働き、生活するようになります。そして、宇宙に新しい文化が生まれ、宇宙でいろいろな可能性は無限大に成長するでしょう。そうなれば、SFで描かれたスペース・コロニーなどの世界は、大型の軌道上ホテルとスポーツ・センターの延長として、そう遠くない未来に実現できるでしょう。

→第六章　宇宙旅行が作り出す未来と経済効果

Q8　世界ではサブオービタル・サービスが始まろうとしているのに日本ではなぜ何もやっていないのでしょうか?

世界中の宇宙局は「一般人が宇宙へ行けるために何もしない」と近年明らかになりました。２００４年米国の中小企業の「スペース・シップ・ワン」というスペースプレーンが宇宙へのサブオービタルな飛行を成功したら、米政府の航空局（ＦＡＡ）は支持するようになりましたが、宇宙局の予算の千分の一だけです。２００５年から、日本航空協会（ＪＡＡ）は宇宙旅行シンポジウムを５回開催しましたが実現する予算はない。しかし、日本がアジアの宇宙旅行産業を指導すれば、たくさんの重要な便益を受けるのに「なぜまだやらないのか?」私にも不思議です。皆さんもそう思いませんか?

→第八章　日本の将来への貢献

Q9　日本の皆さんに言いたいことは？

若い日本人へ、日本の航空宇宙産業はサブオービタルな宇宙旅行をすぐ実現できますが、若い世代が強く望まなければ、実現されません。宇宙について、上の世代の考え方は時代遅れなので、圧力を使わないと動きません。今は団塊世代が若い人達の宇宙への憧れを全然支援していませんが、同時に「若者は車などのものを買わないので、メーカにとって危機」と文句を言います。しかし、これは矛盾です！若い人達が買いたいサービスを供給すれば、メーカに無限のビジネス・チャンスは生まれます。若い人達が実現を望む声をどんどんあげれば、やっと実現されるでしょう。

楽しみにしています！

↓第九章　サブオービタルで始まる

Q10　この本で伝えたいことは？

この本を読んで、宇宙旅行が半世紀遅れているという正しいことを知り、航空産業のように成長すると理解して欲しいです。長い間、日本経済は新産業不足のために大不況に苦しんでいます。これに対して、宇宙旅行の実現は内需拡大で経済を活性化するに加えて、宇宙での無限の資源を利用するにしたがって、悪化している「資源戦争」を完全に避けることが出来ます。２１世紀の日本のニーズに対して、最適な国家戦略ではないでしょうか？

1章

嘘のような本当の話

［宇宙旅行への招待］

嘘のような本当の話

こんなことを想像してほしい。

地球環境に負担を与えない新産業があり、その産業は日本と競争している国よりも、日本自身の経済を強化するものである。この新産業は日本の会社を何十年も繁栄させ続き、とりわけ現在の航空産業のように大きく成長させる可能性を秘めている。そしてこの新産業は、日本の会社が得意とする信頼性の高い精密機械をたくさん必要とする。

この有望な新産業を実現するために必要な投資は、毎年何兆円もの予算が組まれる公共工事と比べても、毎年何千億円という補助金がつく原子力産業と比べても、毎年三〇〇〇億円の補助金を使う衛星と使い捨てロケットの開発と比べても、非常に少なくてすむ。この新産業は毎年一〇〇億円の予算だけで充分成長することができるため、民間会社から資金も調達しやすく、その成長はずっと続き、終息しない産業になると考えられる。また、市場調査からわかる通り、この新産業が供給するサービスは、一般の国民、特に若者に人気がある。従って、この産業の実現に本気で投資すれば、一〇年後の売上高は数千億円、二〇年後は1兆円、三〇年後は一〇兆円規模になっている可能性がある。

そして、この産業は民需に基づく内需拡大で成長する。これは外国への輸出に依存する産業より安全である。現在の大不況は輸出依存のリスクを明らかにした。日本経済は、他国の経済の混迷に影響されて不況に陥った。しかしこの新産業は、中長期的に日本の時給自足を強化して、輸出入の依存性を減らすものだ。その点からも非常によい政策といえる。この新産業の研究の先駆者として一九九〇年代に世界をリードしていたのは日本人だった。しかし、政府はこの研究を支持しなかったのである。

もちろん、この新産業とは「宇宙旅行」のことである。

宇宙旅行という世界

この魅力的かつ有望な新産業が宇宙旅行だと言うと、多くの人はこう思うのではないか？

「無理無理。あと数百年かかるでしょう？」

「値段が高い。われわれ普通の人とは関係ない」

「数兆円のスペースシャトルが必要でしょ。もし可能なら、NASAがすでにやってきたはず」

「そもそもそんなもの必要ない。こういう遊びより、高齢化など大切な問題を最初に解決すべき」

……などなど。

しかし、この反応は間違っている。宇宙旅行は六〇年前に始まるはずだったので、現在航空産業のようにすでに大規模になるはずだった。

「宇宙旅行産業」は「航空産業」の延長である

「宇宙旅行」とは、国際宇宙ステーションや、NASA（アメリカ航空宇宙局）の開発したスペースシャトル、あるいはロシアのソユーズ・ロケットなどを使った有人宇宙活動の延長であり、未来の話と考えている人が多いのではないか。しかしこの考えは誤っている。宇宙旅行の実現は、この認識を変えることから始めなければいけない。まさに「宇宙開発の世界」から「航空の世界」へのパラダイムシフトである。目的、考え方、開発方法、ビジネスモデルなどあらゆる面（文化と言い換えてもよいだろう）で、宇宙旅行が航空の世界の延長であることを理解することが大事なのである。

そこで、まずは読者の皆さんに、この本における「宇宙旅行」の概念が「有人宇宙活動」とは異なることを理解してもらいたい。宇宙旅行をイメージするときは、今日の航空の世界を思い浮かべるとよいだろう。宇宙旅行は航空と同じく、誰もが利用できるサービスなのである。

「有人宇宙活動」とは、宇宙機関が使う専門用語で、ガガーリンの有人宇宙飛行に始まった「使い捨てロケットに乗って宇宙に行く活動」という意味である。ここがまず「宇宙旅行」とはまったく違う点である。すべての輸送システムの中で、使い捨ての乗り物を使うのは今日の宇宙産業だけだ。航空会社が運航する飛行機は、一つの機体が通常数万回の飛行を行う。だから、製造の費用が一〇〇億円だとしても、百人の乗客の一人あたりの費用は約一万円になるのである。一方、使い捨てロケットにかかる一〇〇億円の費用は、一回の飛行ですべてを負担しなければならないため、乗員一人あたりの費用は信じられないくらい高額になる。

安全性の問題を考えてみよう。飛行機などの乗り物の安全性は統計に基づいており、各乗り物の運用、メンテナンス、事故、修理などのデータを集め、その分析に基づいて、高い安全性を確保している。これとは対照的に、一回しか飛ばない使い捨てロケットの場合、エンジニアがどんなにすばらしい設計をしてがんばっても、その安全性は飛行機に比べてはるかに低いものである。宇宙機関が指導する現在の宇宙産業は、衛星の打ち上げ、宇宙科学の研究、政府の決める技術開発などをおこなっている。国民、納税者、有権者、子供達の望む宇宙旅行のようなサービスを供給することに、宇宙局はまったく興味がないのである。

一方、宇宙旅行産業の目的は、航空産業と同じで、顧客の望むサービスを供給することである。航空業界のように、顧客が多くなるに従って一人あたりの料金は安くなり、サービスを提供する企業はできるだけ人気のあるサービスを準備して提供するようになる。市場調査によると、ほとんどの人たちが「できれば一度は、宇宙旅行に行ってみたい」と答えている。宇宙旅行は確実に人気がみこまれるため、多くの企業がサービスの提供に参加するようになるだろう。

Column

パラダイム

天動説から地動説までの考え方の変化は複雑ではなく、だれでも理解することができ、誰にも説明しやすい。このような簡単な考えだったにもかかわらず、最初の論争から100年間も抵抗され、賛同者が迫害されたことは驚くほどである。簡単な理論であるにもかかわらず、天動説によって説明できない事実に対しては、特に天文学の観測データを説明できていないことが、昔からの古い考えを唱えていた先生達には脅威となったために抵抗し続けたのだろう。

大事な影響を及ぼす大きなパワーをもっている複数の活動の基礎的なアイデアは、パラダイムと呼ばれている。昔から受け入れられているパラダイムが間違っているということがわかるようになったら、知的な乱れの時期が始まって、新しいパラダイムが受け入れられるまでに考え方が混乱し、最後まで偉い指導者の方々が抵抗を続けても次第に新しい大きな変化に賛同する人が増えるのである。

現在、一般の人に宇宙旅行サービスを供給することは、今までの政府の宇宙プロジェクトの技術開発よりも、良い目標であるというアイデアは、確かに半世紀中受け入れられてきた宇宙産業のパラダイムとは異なる大きな変化であるかも知れない。（ただしこの場合は、古いパラダイムを止めなければならないわけではなく、同時にできるという大きなメリットもある。しかも新パラダイムに必要な予算は数％程度で良いのである。）そして、NASAや経団連でも経済の面で望ましいと賛成してから既に13年も経過していながらも、残念ながら、この新パラダイムはまだ受け入れられていない。宇宙旅行のアイデア自体は簡単なものであり、経済成長と社会の進歩に大いに貢献するので、その重要性は極めて高い。

しかし、このアイデアには複数の既得権益が関係しており、抵抗の要因になっている。宇宙局や予算を受ける企業、「宇宙活動がわかりにくい」「小規模で赤字だけなので選挙に価値はない」と思う政治家、宇宙活動が経済に貢献しないと思っている経済政策の責任者、従来の宇宙産業の範囲しか知らない人々。こういった人々には、宇宙旅行の本当のアイデアと魅力をまだ知らないので、いまだに受け入れられていない。

現在の宇宙活動とは対照的に、宇宙旅行は人気のあるサービス産業として早く成長し、内需拡大で経済成長に大きく貢献したり、国内外旅行産業の新たな分野になったり、地域経済に新しい雇用を生み出したり、若い人を元気にさせたり、そして、この産業はマーケティング、ファッション、エンターテインメント、音楽などの分野にも影響し、それらをも内包する産業に成長することになるだろう。歴史的に今はとても興味深い時期である。これからどの国がこの新しいパラダイムを受けるか、どの国が長く抵抗するか、どの国が勝つか負けるか、これから見るのは非常に楽しみである。個人として、長友先生の夢のように、「メイド・イン・ジャパン」の乗り物で、宇宙へ旅立ちたい。

「宇宙産業」と「航空産業」の違い

ユーリ・ガガーリンの有人宇宙飛行は、長距離ミサイルを使ったために、「無人のミサイルが〝有人化〟された」と言われている。これは、航空の歴史とはまったく違う。航空の世界で有名なライト兄弟の最初の飛行も、無人ではなくパイロットが乗っていた。そして、航空機は、利益を得なくてはならないから、乗客を乗せながら進歩し、発展してきた。航空の世界で「有人」は当たり前なのである。

宇宙産業と航空産業の基本的な考え方の違いは、これまでの両者の出来事をまったく異なるものにしている。航空産業は、商業活動として、世界中で毎日六百万人の乗客を運んでいるが、現在の宇宙産業における有人宇宙飛行は、政府のプロジェクトであり、小規模で危険で莫大な費用のかかる活動になってしまっている。

ガガーリンの有人飛行から五〇年後の現在、宇宙に行けるのは一握りのお金持ちか宇宙飛行士だけであり、政府や宇宙機関がすべてを決める。しかし航空局は、誰が飛行機に乗るかは選ばないし、誰もが自由に乗ることができる。航空局は安全性についてすでに多くの研究をしているので、皆にさまざまなアドバイスはするが、乗るかどうかを決めることはない。すべてにおいて乗客の意思が優先される。そして、航空産業の各企業が乗客を増やして成功するために安全性は特に重要で、企業は飛行機の安全性を高める努力を怠らない。

航空産業の考え方が宇宙産業より経済的な便益が多いことは容易に理解できる。アメリカでは、連邦航空局（ＦＡＡ）の予算は航空宇宙局（ＮＡＳＡ）と同じくらいであるが、担当する商業航空産業の売上高は毎年何十兆円にも及び、そこからの税収は多い。しかし、ＮＡＳＡの担当する宇宙産業の売上高は非常に少ない。その理由は、宇宙での商業サービスの可能性を知りながら、そのようなサービスを供給しないと決めてしまったためである。

宇宙旅行の目的は技術開発ではない

宇宙産業の目的は主に技術開発であり、政府は、特に衛星とロケット技術や宇宙に暮らすための技術の開発が重要だと考えている。一方、航空産業は、人気のあるサービスを多くの人に提供することで、商業活動として成功することを目的にしている。したがって、一般の人に、安全で快適で、楽しいサービスを提供することに努力し、力を注ぐ。妊婦、赤ちゃん、お年寄りなど、誰もが平等にサービスを受けることができ、また、お酒や食事、音楽、ビデオといった、乗客が喜ぶサービスを提供している。航空産業は宇宙産業と比べてせいぜい二倍程度の歴史であるが、関係産業も含めて数千万人の雇用をつくり、今日の宇宙産業の約百倍もの産業になっている。しかし、宇宙旅行は宇宙産業と異なって、航空産業と同じようなビジネスなのである。

宇宙旅行は利益を生む

航空産業は、一般の人が求めるサービスを提供することで、関連するほかの産業の成長にも貢献している。特に観光は、世界経済の中で巨大な産業のひとつになっている。宇宙旅行産業も同じように、ホテル、スペースポートなどその他の関連産業も合わせると、経済規模は約十倍になると考えられ、ほかの関連産業、特に観光産業に大きく貢献するだろう。アメリカの国内市場調査によると、最初のフェーズのサブオービタル・サービスを提供するだけで、売上高は毎年数千億円になるだろうと報告されている。これは、世界中の商用衛星打ち上げビジネスより大きいものである。

宇宙旅行産業の可能性は非常に高いと思われているが、すぐに大きな利潤が得られるとは限らない。最初から利潤が得られないからといって、将来もうまくいかないと決めつけて、やめるべきではない。なぜなら、新しい産業は赤字からスタートして、政府が投資者のリスクを軽減するために補助するケースが多いのである。多くの国の政府は何十年もの間、建設、発電、電車、自動車、航空機、空港、石炭、石油、ガス、原子力などの産業に何十兆円も支援している。宇宙旅行産業への投資の拒否が続けば、ほかの前例に比べて不公平であり、合理的でない〝ダブルスタンダード〟になる。逆に、もしも宇宙旅行産業の設立を支持すれば、これまでの宇宙活動で開発した貴重な宇宙技術も有効に使うことができ、宇宙での商業活動に貢献できるのである。

宇宙旅行は飛行機のような乗り物でいく

宇宙旅行というと、特別な訓練をした飛行士が、ロケットに乗って宇宙に行くというイメージがあるかもしれないが、実際は違う。宇宙には、飛行機のような乗り物で行く。本来、宇宙旅行は「誰もが、安く、安全に、快適に宇宙に行く」というものなのだ。

航空産業と同じく航空機を扱う空軍には、先端技術のジェット戦闘機運用の長い経験があるにもかかわらず、「バリ島かブリスベンの観光地までの輸送費がどれくらいになるか?」ということは予想できない。同じように、宇宙機関が宇宙科学と技術についてどれだけ多くの知識があっても、目的や考え方といった文化が違うため、宇宙旅行産業の可能性については理解できないのである。宇宙旅行産業は、今までの宇宙業界ではなく、その分野に精通している航空業界が主導していることが必要条件である。アメリカでは、宇宙旅行の発展は航空局が担当している。しかし、航空局の宇宙旅行産業関連予算は宇宙局の〇・一パーセントでもない。充分な知識をもつ宇宙旅行産業の専門家がいるにもかかわらず、政府からの予算はゼロである。新産業不足の危機に直面している現在、この新しい産業の価値がより重要になることは明らかである。

従って、できるだけ早く宇宙旅行産業を始め、競争力を高めるために、政府は早急に支援するべきである。一度始まってしまえば、航空会社のように多くの会社が競走して人気のサービスを提供し、市場も大きく成長するだろう。宇宙旅行産業を考えていく上で、最も重要なのは〝人気になる〟ということであり、そのためには、飛行機のような乗り物を使う必要がある。〝飛行機のような乗り物〟とは、今まで宇宙に行くために使っているミサイルのようなロケットではなく、「再使用できて、特別な訓練もなく、誰もが自由に乗れ、安く、安全で、快適な乗り物」であり、これが絶対的な条件になる。

宇宙旅行のための技術の歴史

歴史をひも解くと、科学技術はかなり論理的なパターンで進歩してきたことがわかる。新しい発明があると、それが使われ、応用され、一般大衆で広く使われるものへと遷移していく。これにより市場が創出され、生活水準が向上し、そして新しい事業機会と雇用が産まれるのだ。しかしながら、宇宙まで行ける大型ロケット技術の歴史は、きわめて異質な経緯をたどってきた。大型ロケット技術は、発明されて約七〇年たつのに、社会に最も貢献できる形ではまだまだ利用されていない。現在、ロケット技術を最も応用している形態はミサイルであり、数万発の核兵器を含む数百万ものミサイルが製造され、しかもそれは、各国間の威嚇に使われている。

中国人が火薬を発明して以来、ロケット技術は数世紀にわたり兵器や花火に利用されてきた。ところが一九二〇年代になると、ドイツ人の冒険家フリッツ・フォン・オペルが、オートバイや自動車、列車、そして飛行機にロケットを使って高速移動することを考えて実行したのである。(最初にロケットを使って飛んだのは、オペルのパイロットではないかもしれない。トルコ人のラガリ・ハッサン・セレビは、百メートル以上の高度まで飛び、たいした怪我もせずボスポラス海に落ちたという記録がある。それも一六三三年に！) さらに、第二次世界大戦中にはメッサーシュミット社が、英米の空爆からドイツの街を守るため、高速上昇するMe163というロケット飛行機を開発した。日本でもドイツの技術を導入し、ドイツと同様にアメリカの空爆から街を守るため、秋水というロケット飛行機を製造した。

戦後もロケットを使った飛行機の開発は続けられ、一九六〇年代に、とうとうアメリカが開発したX−15が、宇宙までサブオービタルな飛行を実現した。その後、さらなるスピードと高度を目指して開発が進められたが、地球を周回する軌道飛行に到達する前に、アメリカ政府は、一九六八年に開発を中断してしまった。

ロケットを使った飛行機の宇宙飛行は、それから三六年もたった二〇〇四年まで待つことになった。二〇〇四年六月二一日、民間で開発された「スペース・シップ・ワン」が、世界中の新聞の一面を飾った。サブオービタルだけでも宇宙まで上昇し、そして地上に戻るというロケットエンジンを使ったこの乗り物は、とてもスリルがあり魅力的であるため、数社が、このような乗り物の開発に着手した。後で詳しく述べるが、これらの企業は「短期宇宙旅行」というサービスを一般に提供すべく開発を勤めており、二〇万ドルという高額にもかかわらず、すでに六〇〇人以上が予約券を購入している。実は、このサブオービタルな飛行をする乗り物は、ずっと昔、著者が生まれる前の一九五〇年に開発されるはずだった。逆にいえば、このサブオービタル飛行機の技術は、人々から望まれている新産業となるにもかかわらず、六〇年間も目が向けられずにいたのだ。一方で、今まで二〇年間も新しい産業を創出することが足りないため、世界中が苦悩し続けている状況にあったのに。

この魅力のある宇宙旅行産業がいつ実現するかはいまだ定かではないが、その実現時期は、今後、民間や政府がどれくらい投資するかで決まるだろう。そして、今、ついにその時が来ているのだ。宇宙旅行はもう、人々の関心をかきたててしまった。

そこで、この宇宙旅行産業が、今後どれくらい大きく成長するか説明することにしよう。

宇宙旅行産業は二一世紀中に拡大する

二〇世紀にわれわれの生活を最も大きく変えたもののひとつは飛行機による旅行だと言っても過言ではない。一九〇〇年には、飛行機で空を飛んだ人は一人もいなかった。もちろん、ごくわずかな距離をグライダーで飛んだ人はいたが、一九〇〇年には誰一人として、エンジンがついた飛行機で空を飛ぶことなど、考えさえしなかったのである。しかしながら、それから百年たった二〇〇〇年には、毎日数百万の人が、そして年間で十億人以上の人が飛行機に乗ることになったら、二〇一一年にまた二倍の二五億人まで成長した。国外へ飛行機で旅行することは、今や当たり前になってきており、発展途上国においても、飛行機による旅行は急速に普及しつつある。

航空産業は、航空機の製造から、運用、維持管理まで、百万人以上の雇用を生み出し、それに伴う旅行産業は、世界中で約五千万の人を雇用するに至った。だが、誰一人として、一九〇〇年に、飛行機による旅行がここまで大規模に発展するなど、想像さえできなかっただろう。それどころか、二〇世紀中に、四百人もが乗れる飛行機が時速七〇〇キロメートルで飛び、毎年十億の人が当たり前のように日常生活で使うことなど、誰一人として予想できなかったのだ。逆に、もしそんな予想をした人がいたとしても、当時は馬鹿にされるだけだっただろう。

飛行機による旅行が二〇世紀の生活を象徴するように、宇宙旅行は二一世紀の生活を象徴するものになるだろう。すなわち、二一〇〇年には少なくとも一億人もしくは十億人の人が宇宙旅行をし、二〇〇〇年の航空産業がそうだったように、宇宙旅行産業が世界経済にとってなくてはならない産業になっていることが予測できるのである。二一〇〇年には、これら少なくとも一億人の人達はあらゆるところに宇宙旅行をすることになるだろう。まず何億人の人たちが、数分という短い時間であるサブオービタルな飛行をして、地球が真っ黒の宇宙の中に浮かんでいることを実感する宇宙旅行の初体験を味わうことになるのだ。実際にこのようなサービスは、この本が書かれてから数年以内に実現するに違いない。

次に、地球の周りの衛星軌道上に浮かぶホテル、スポーツセンター、工場、太陽光発電所、研究所、特別病院、燃料基地、学校、教会、警察、マンション、無重力庭園、テーマパーク、など、あらゆるところに向かって、数億人の人たちが、地球からの定期便に乗ることになるだろう。

さらに、二一〇〇年には、数千万の人が、月面上に建設されたホテルやドームシティに滞在し、鳥のように飛ぶスポーツを楽しんだり、月面宇宙センターを訪問したり、月の裏側にある観光地に行ったり、月面オリンピックに参加したり、観戦したり、シリコンやアルミニウム、鉄、チタンなどの鉱山を訪問したりするだろう。あるいは、月面ホテル、建設、太陽電池工場や月面都市間を結ぶリニアモーターカーなどに働きにいくだろう。

今挙げた全ての活動は、何百万人の雇用を直接生み出し、宇宙に雇用をシフトし、間接的に地球にも数千万人の雇用を生み出すことになるだろう。加えて、今日では予想できない関連事業があることも間違いない。読者の中には、こんな予測は絵空事だと思う人もいるかも知れない。しかし、人間の、そして事業の習性を論理的に考えれば、間違いなく起こり得る予測である。なぜなら、技術的に実現可能であり、それに伴って派生するサービスにも膨大な需要があることは周知の事実なのだから。

誰でも飛行機で旅行できる時代が来ることを一九〇〇年に予測できなかったのは、一九〇〇年には飛行機で飛ぶことさえ始まってはいなかったからである。一方、ロケット技術は、はるか昔に発明され、一九四二年にはドイツ製A4ロケットがすでに宇宙（高度約百キロメートル）まで到達していた。大型ロケットそのものは、この七〇年の間、宇宙へ飛び立ち続けてきたのである。ということは、二〇世紀の航空産業の発展を予想することに比べれば、これから九〇年の宇宙旅行産業の発展など、きわめて予測しやすいことではないか？

さらに、世界中で数百万人もの技術者が失業しているが、その一割の数十万人が航空宇宙関連の技術者であることを忘れてはいけない。彼らは、宇宙機をつくる上で必要な技術やノウハウをもっているのだ。また、月面でホテルをつくる技術も、実はすでに数十年も研究されてきているのである。従って、地球軌道を回るサービスに一度でも充分な投資がなされれば、宇宙旅行産業は自発的にどんどん拡大を始めるだろう。また、それに伴って拡大する企業の投資が、さらに宇宙旅行の魅力を引き出し、市場が拡大し続けることになるだろう。

　この本では、わずかな投資をするだけで、どれほど大きく持続的な便益がわれわれの社会や地球環境にもたらされ、世界中の人々の生活水準の向上に貢献するかを説いている。そして、具体的にどのようなステップを踏めばよいかも説明している。

2章

宇宙旅行の意義と便益

［経済と産業の観点から］

世界経済と宇宙旅行の貢献

世界経済の前例がない異常な現状には、宇宙旅行産業の成長がもたらす便益は極めて重要だと考えている。世界経済の悪化は、北米、ヨーロッパ、日本、その他の国における何十年ぶりの高い失業率をみるとよくわかる。無論、近代の世界において、人々は自給自足に充分な土地をもっていないので、失業は生活をたいへん厳しくさせ、不公平を生み、気持ちも落ち込むことになる。また、子どもの成長にも悪い影響があり、所得格差を拡大させる原因になっている。

現在の不況の主な理由は「アメリカ発金融危機」である。ウォール・ストリートのマネーゲームの巨大化が世界経済を不安定にしてしまった。しかし、このマネーゲームの巨大化は、長期的な問題の一部にすぎない。マネーゲームは金融を不安定にし、株式市場を変動させ、為替相場も変動させて、金利も変動させる。このために投資家は投資するプロジェクトの将来が信用できなくなり、投資が減る。投資が減ることで、企業の成長が抑制され、失業が増える。これは貧困を拡大し、ワーキングプアの人数を増やして、格差社会を悪化し、社会に対して悪い影響を与える。

そして、政府は、金融不安定のために経済に流れるお金が減らないように対策を講じる。もしも、お金の流通が減ると、政府の借金が増え、金融は信用度を失い、金利が高くなり、それに従って経済活動が抑制され、景気が悪化し、また借金が増えるという「デフレ・スパイラル」の悪循環に陥ってしまう。政府の借金が大きくなると、さまざまな政策に使う政府の予算がどんどんカットされ、国民の生活水準は低下し、失業率も高くなる。この状態が長く続くと、国民は政府の政策に抗議するデモや抗議活動を起こす。政府は、金融界の信用度を守るために、デモに対して厳しく対処しなくてはならず、それによりさらに支持率を失うことにもなる。これは二〇一一年から欧州の「ユーロ危機」と米政府のぼう大な赤字と「反格差デモ」でよく見える。

国民、特に若い人にとって失業は大きな負担であり、悪影響を与えることになる。経済の悪化により政府からの奨学金が減少すると、卒業時の学生の借金は多くなり、よい就職先を見つけるのがどんどん難しくなってくる。安定した仕事につく人が少なくなり、パートタイムで働く人が増えて、フリーター、パラサイト・シングル、ワーキング・プアなどが増え、結婚できないで、家族を養えず、人生をあきらめて引きこもりになる人が増える。こうした状態のため、若い人がやる気、熱意、野心などを失い、無責任になる。そして、働かないで、受身になって、テレビ、携帯、ゲーム、パチンコ、酒などの遊びに夢中になってしまう。

もうひとつの懸念は、教育への影響である。受験戦争が激しくなる。かつて文明高い国では、多様なことを勉強したり、経験したり、自分の可能性を見つけることが本来の教育の目的であったが、現在はどんどん狭くなってしまった。

「どうして、先進国はこのような罠にはまってしまったのか？　出口はどこにある？　この前例のない悪い状態に終わりはこないのか？　何が間違ったのか？　ほかの可能性はないか？　避けられないか？　指導者はいい政策のアイディアはないのか？」と多くの人が思っている。

もちろん、多くの人がさまざまなアイデアを提案している。なかには革命的な大きな変革を起こすためのアイデアもある。例えば、第二次世界大戦後の金融システムの基礎的な欠点を直さないと不安定が続くが、その解決の導入は既得権益の抵抗に対してかなりの時間を要するものだ。けれども、今その時間はなく、失業が続くに従って、状況はどんどん悪化している。すべての先進国で貧しい人が増え、所得格差が広がり、社会が弱くなっているのである。

新産業不足

これまで述べてきた問題の基本的な原因は、簡単に指摘できる。「新産業不足」である。ここ数世紀は、先進国の国民の働き方が改善されたことで、生活水準が高くなってきている。労働の生産性の向上は、一人に対する時間あたりの仕事の成果は増える。その結果、給料は長期的に上がっている。働き手の仕事の能力向上と技術の知識が蓄積されることによって、便利な機械を使うことで生産性が又向上しているのである。簡単な例として、先進国の農業の生産性は数百年前に比べても、現在の貧しい国に比べても約百倍増えた。人口の数パーセントだけが農業をして、国民全員の食料を生産して、食生活は前よりもよくなった。

しかし、生産性の向上は給料と生活水準を上げたが、別の問題を起こしている。生産性が高くなることにより、必要な人数は少なくなる。その結果、農業の生産性向上のために田舎での失業率が高くなってしまっているのである。産業革命の初めから、繊維と生地の産業は、新しい機械を使うことで仕事を効率化するようになった。そのため、生産性の低い伝統的なやり方が必要なくなってしまったのである。また、古い産業の雇用はこれとは別の理由により減ってきた。それは、古い産業や技術が新しい産業の技術に追い抜かれて、時代遅れになるためである。例えば大工、馬車、帆船、手づくり品などの雇用は大いに減ってきた。

しかしながら、先進国では、数百年の間に農業とそのほかの伝統的な産業の雇用が少なくなっていったことに比例し、失業率が連続的に高くなっていったわけではない。なぜなら絶えず創立された新産業の雇用が増えてきたからである。技術の進歩、仕事の効率化のために連続的に増える失業率を減らすために必要な条件は、連続的に新産業を生み出すことである。

二〇〇年前、先進国でほとんどの人は農業、生地、衣服、大工、鉱業、召使いなどの仕事をしていたが、現在これらの仕事をしている人は人口の一割程度であろう。それより今は、多くの人が新しい産業である電力供給、電車、自動車とその関連サービス（運転手、修理、道路の建設と整備など）、石油と化学工業、航空産業、電気・電子機械メーカー、医療、教育、メディア、観光、レジャーなどの産業で働いている。

現在の失業率の上昇を防ぐための新産業の必要性は、低賃金の国からの輸入品の増加によって、最近、急務になってきた。先進国の企業は、低賃金の国での製造やサービスをおこなうアウトソーシングやオフショーリングとして、先進国からの多くの仕事を奪い、大規模に成長してきた。これと同様の国際化は昔にもあった。日本から近くの低賃金の国（韓国、台湾、中国など）に、生地、絹、おもちゃの組み立てなどの仕事がだんだん移ったことがあった。

しかし最近、この国際化はかなり加速した。それは、世界への通信費や輸送費が安くなり、貧しい国の新しい能力の発展が速く進んだためで、例えば高い技術が不要なトースターのような家電だけでなく、テレビ、ファックス、モーターバイク、カメラ、パソコン、半導体、携帯電話、液晶スクリーン、電車、車、飛行機の部品、新幹線、太陽電池、衛星、ロケットなどを製造することができるようになった。

一九六〇年から一九八〇年までの日本の高度成長は、他の先進国との間に貿易摩擦を起こした。日本からの輸出が増えたため、欧米諸国の失業が増えてしまったのである。フランスのクレソン首相は日本のことを「フランスの第一の敵」とまで言い、日本を強く批判した。日本の速い成長は、輸出を許容していた他の先進国の協力なしにはできなかった。そのため現在、日本も同じように他の国に協力しなければならない状況にある。

これからは、今までとは比べものにならないくらい大きな世界経済の改革がおこなわれていく。インドと中国の人口は日本の約二〇倍、平均給料は約一割だけである。最近、中国やインドなどからの輸入の増加は急激なものであり、今はその始まりにすぎない！この世界産業構造の変化は、かつての日本よりも、何倍も大きい。

理論的には、貿易が自由であれば、すべての国の平均給料が同じになるまで、低賃金の国からの輸出は増え続ける。したがって、この国が成長することによって、先進国は充分な新しい雇用を生み出すために、もっと多くのイノベーションが必要になる。新産業の成長が足りないと、失業は増え続ける。そして低賃金の国との競争により国民の平均給料はずっと下がってしまう。

技術および経営の進歩のおかげで、同じ製品とサービスを供給するために必要な人数が減るに従って、より多くの製品とサービスを売らなければ全体の仕事が少なくなる。この場合、平均的に作業時間を短くして仕事を分担しなければ、社会の中で失業者は増える。生活水準は給料に依存し、給料は仕事に依存するシステムが続くに従って、この問題は悪化する。このシステムは、まだ発展している国の生活水準を上げるためには効果的である。しかし、先進国が社会を守るためのシステムとしてはよくないではないか？

二〇世紀の新産業の成長は、まだ限界に達してはいなかった。古い産業の雇用は近年減り続けていたが、新しい産業の創出は続き、特にＩＴ産業、光ファイバー、インターネット、携帯通信、ソフトウェアなどの分野に新しい仕事が生まれた。しかしながら、二一世紀初頭、「新産業不足」問題は急に悪化した。失業を減らして社会を守るために新産業の発展を加速しなければ、あるいはシステムを見直さなければいけないのである。

長い期間をかければ、もっとよいシステム、例えば週四日就業制度などはつくれるはずであるが、おそらく十数年の時間がかかる。それまでに役に立つ新産業を創出することは失業危機を避けるためになくてはならない。その上、ほとんどの人はよい仕事をしたいと思っており、新しい仕事の分野を展開することはこの点からも非常に望ましい。

しかし、新産業の創出は、散発的で、予測しにくいイノベーションに依存する。多くのイノベーションにより、既存の製品とサービスは安くなる。そうなると、生産と雇用の両方が増える場合もあるが、逆に雇用が減る場合もある。

例えば、安い製品の輸入は国内雇用を減らして、ほかの会社のコストダウンを促進させる。「何でも安いほうがよい」という考え方は単純すぎて、経済を圧縮することになってしまうリスクもある。

現在、中国のある都市では世界中のボタンの七割がつくられていると言われている。また、複数の工場が建つ別の都市では世界のジッパーの七割がつくられている。

二〇世紀後半の先進国での高い生活水準環境下では、一般の労働者でも家を買って、共働きしなくても家族を養い、数人の子どもを大学に行かせることができた。現在、中国やインドでは巨大な〝工場キャンパス〟と呼ばれる場所がつくられ、そこでは、数十万人が刑務所のような奴隷にちかい状態で働き、住みこみで生活している。このやり方について「経済的な効率が高い」と述べた経済学者がいるが、お金の流れ以外は無視した考え方だ。このために増える先進国の失業者が、新産業に自動的に再雇用されるという前提で話をしているのである。この経済学者は、各産業が中国かインドの一つの大きな工場にまとまることを期待している。しかし、「新産業と新しい仕事は自動的に生まれる」と言う経済学者は、新産業の創出にはまったく責任のない立場で述べていることを忘れてはいけない。

上記の経済学者の言うとおりに安い輸入品を許可し、奨励すると、先進国の金融界と政府は国内雇用を大いに減らすことにする。先進国の立場では、その良し悪しを明確に判断することができる。この政策のために失われる仕事の代わりに、新産業でもっとよい仕事をすぐに生み出さない限り、「これはよい政策ではない」と言える。この政策では、ある会社と投資者だけは利潤を得られるが一般の人と納税者にとっては、失業の負担が重くなるだけなのである。

失業の直接的ダメージ（悪影響）は、仕事を失い生活が厳しくなること、および消費が停滞して物が売れなくなる経済的なダメージが引き起こす国民の不幸である。間接的ダメージをみても、製造の能力の減少や、失業者の子どもの長期的な社会的ダメージ、貧困層が増えることによる社会に対する悪影響などがある。さらに、貧しい人は子育て

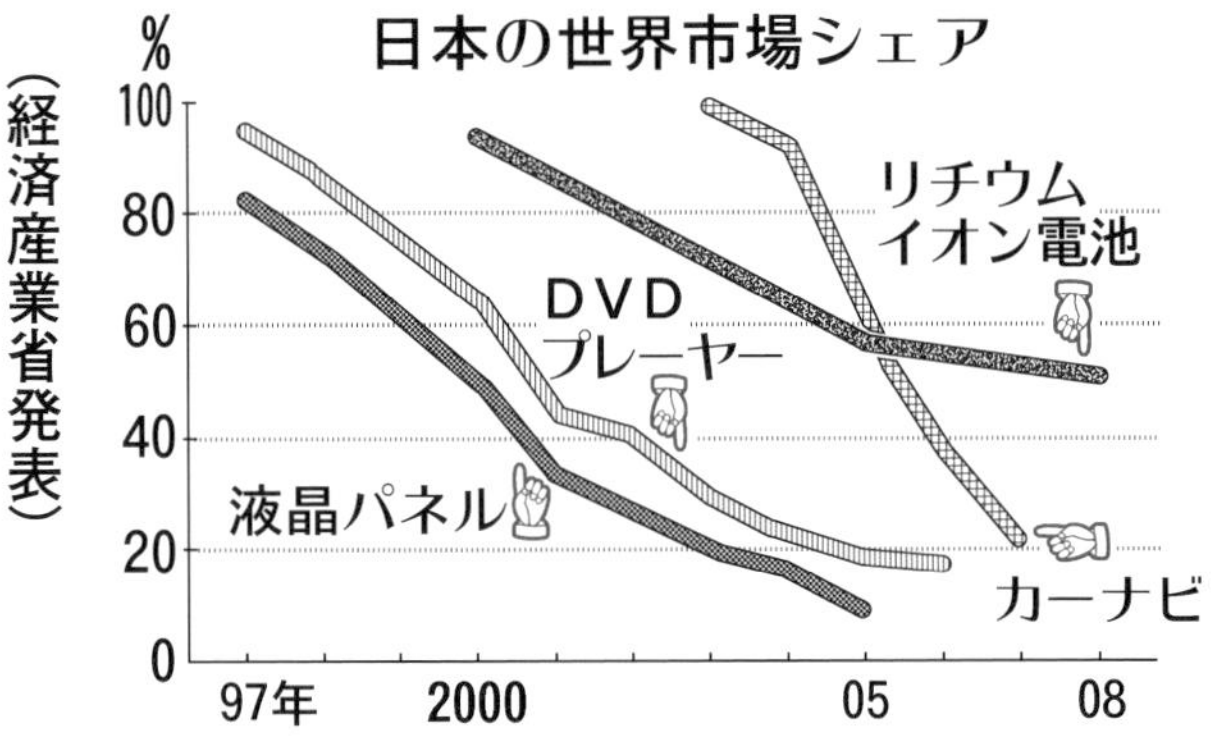

長期的に続く新産業はむずかしい

ができなくなるため少子化も起こる。したがって、全体として文明が成功し続けるためには、古い産業の仕事の減少に比例して、新産業の仕事が増えることで、バランスを保たなければならない。

簡単に言うと、人間の創造力、特に機械の発明と経営の改善のおかげで、数世紀の間は、仕事の生産性を高めることで、人々の生活水準は高く維持されてきた。現在の経済システムにおいて可能な産出量は前例がないくらい巨大になった。しかし、このすばらしい製造能力を充分利用するための新産業のアイデアが足りないため、失業率も前例がないほどに増えてしまっている。これからの経済成長の基幹産業の候補は何か？これは、もちろん長期的かつ大規模に成長して利潤を得る活動であるが、これを見つけることは難しい。どこまで難しいかと理解するために、上のグラフを見ると、日本のメーカーが置かれている状況の厳しさがうかがえる。複数の新しい産業が日本で始まったのに、国際競争が激しくなって、日本のメーカーのシェアはどんどん減少していくので、新しい基盤産業になれない。

これに加えて、最近では日本の優秀な太陽電池メーカーのシェアも中国などの安い工場と近年の「超円高」のため五割から二割に落ちた。日本のメーカーが外国との競争に勝つためには、これより大規模で長期的に成長する新産業が必要なのであるが、次の理由で候補者は少ない。

1. 新しい発明が大きい産業になるまでには数十年かかる。例えば、太陽電池は六〇年ほど前に発明されているが、大きな産業になったのは最近のことである。

2. 他国との競争のために、新しい産業の候補が少なくなっている。これから日本で、建設、自動車、電力、航空、電車などからの国内雇用の成長に期待することはできない。これらの産業は大切ではあるが、日本ではすでに成熟した産業であり、これからの成長の大部分は労働単価の安い国で行われるだろう。

3. 他国の産業を真似して追いつくという戦後日本の戦略は、土地も人件費も高いため、もう不可能になった。日本は新しい産業をリードしなければならない立場である。

4. 政府は常に近代化を推奨して、技術開発やイノベーションや〝ハイテク〟などが必要だと述べるが、本来、健康と心理的な観点から、もっと自然な生活の方が良いと思える。例えば子どもの育て方。子どもが裸足のままで外で遊んだり、木を上ったり、川で泳いだり、砂浜で遊んだり、加工食品より新鮮な果物や自然食品を食べたりする生活の方が、人間としてよいということが研究によりわかってきた。いわゆる人間には〝ハイテク〟より〝ローテク〟の生活の方が健康に良い。

5. 政策の責任者は、よくこう尋ねる。「これから必要な新製品かサービスは何だろう?」と。しかし、携帯電話産業を例に挙げれば、前もって「携帯電話が必要だ」とは言えなかった。なぜなら、携帯電話サービスがなくても仕事にも日常生活にも支障はなかった。しかし、携帯電話が国民に爆発的に人気になって、経済成長にも大いに貢献してきた。つまり、これからの有望な新産業も同じように、「必要だ」とは言えないサービスでも、大人気になれば、巨大な新産業に成長するであろうことが予測できる。近年の「スマホ・ブーム」は同じ。「必要だ」と言えないが一年で買った日本人は数千万人もいる。

「日本人の高い生活水準を永続的に守るために、大規模の雇用を生み出して、自然的で地球環境に優しく、何十年たっても日本より物価が安い国の競争に負けない新産業はいったい何か？」を考えなくてはいけない。ここで大事なのは「必要か？」ではなく、「どのサービスを買いたい？」ということである。

ほとんどの国の政府は新産業不足問題についてレポートを書かせており、彼らが推薦した産業に税金を投入するが、必ずしも成功するわけではない。一般的に、こういったレポートでは、次のような産業が成長するといわれている。

・バイオテクノロジー（農業、医療、長生き、細菌兵器と防衛）
・ナノテクノロジー（新材料、医療、コンピュータ）
・情報技術（インターネット革命の続きなど）
・観光旅行（さまざまな関連サービス）
・環境サービス（リサイクルなど）
・ロボット（製造、セキュリティ、各種サービス、軍事）
・エネルギー（クリーンエネルギー）

しかし、これらの産業の成長には大きなマイナスの影響があることを理解する必要がある。まず、ある産業の成長は、ほかの仕事を減らしてしまうということである。例えば、バイオテクノロジーの進歩は、歯科医や外科医、農家の仕事を減らす。リサイクル活動の増加は、製造業の需要を減らす。ロボットの利用は、労働者の仕事（例えば運転）を減らす。人類全体が長生きになれば、若い人々の仕事が減るなど。

観光産業の環境に対する影響が大きいので、自然の中での活動の将来の成長を限定する。人口、特に中級の人数が増えるに従って環境破壊にもつながることがあるので、観光がいつまでも成長できるわけではないだろう。

上記の問題のため、ある評論家はこれから「大失業時代」になると予測していた。ある学者は、現状をよくするためには、もう一度明治維新のような大きな変革が必要だと言っている。しかし著者は、失業などの問題の解決に急激な変革が効果的であると思わない。何千年かけてここまで進化し、成長してきた日本社会と文化は、米国を真似なくても将来的に成功する可能性は充分ある。ただし、この数十年悪化し続けている問題を正すために、日本の指導者が誤った政策の方向を変える必要がある。

この本で説明している宇宙旅行産業を実現するために必要なのは、政策の小さな変化だけである。他の産業の圧迫といったほかの変化は必要ない。二一世紀中に、手早く成長することができる新しいビジネスチャンスになる新産業を創出することができれば、この産業の発展は現在抱えるさまざまな問題の解決に大いに貢献するだろう。

この新産業は、ほかで提案されているすべての新産業とも異なる、たったひとつの有望な提案であり、無限の成長と技術開発の可能性を提供する。同時に、自然の中での健康的な生活に近いライフスタイルで、スローライフを邪魔せず、新しい地学的なテリトリーを広げるため、地球の生態学システムに負担を増やさない。また、日本の将来を決める若い世代にもすでに大人気がある分野であるから、教育の強化にも貢献する。

このアイデアを聞いた多くの人々は、初めは奇妙なものに思うかもしれない。けれども、これは悪化を続ける失業という深刻な問題の、決定的で長期的な解決策になれる。なぜなら、この仕事に投資される金額は、公共工事のように、状態によって上下することができるためである。さらにほとんどの公共工事と異なり、自動的に成長しながら利潤を得るビジネスをつくりだせるので、政府の予算が後で止めても成長自体は続くのである。

実際、このアイデアによる新産業は半世紀前に始まるはずだった。その発展の長い延期は現在の世界中の失業の重要な原因のひとつとして考えられる。ほかの大事な長所は、最初に必要な予算が少なくてよいということである。特に政府が公共工事に投資して損失を出したプロジェクトの費用と比べて遥かに小さい予算しか要らない。残念ながら現状では、宇宙旅行というと「そんなのは夢の話で、まだできるわけがない」「これは日本でできないじゃないの?」と言う人がまだ多い。しかし、経済と社会の広い範囲の便益はきっと説得力があるだろう。

Column

宇宙旅行の6つの便益「K6」

宇宙旅行産業の便益の認識は一般的にはそれほど広まっていないので、私たちは、覚えやすいネーミングを付けた。それが「K6:ケーシックス」である。

1.経済(Keizai)「宇宙旅行は将来一〇兆円の市場規模になる可能性をもっている」

新産業である宇宙旅行には、現在問題となっている不況対策として大きな可能性がある。宇宙旅行は従来のような宇宙開発とは一線を画し、ビジネスとして利益を生み、新産業創出につながる経済活動である。各国で実施された市場調査によると、宇宙旅行はとても人気で、実現を望む声は大きく、膨大な需要の可能性があり、市場も大きいことが報告されている。宇宙を利用した最も大きなビジネスとなる可能性をもっており、現在の航空業界に匹敵すると考えられる。宇宙旅行は単なる「観光・旅行産業」だけでない。「宇宙に自由に人が行き、利用できる世界」の創出に繋がり、地球の生活圏を宇宙に拡充することを意味し、その経済的波及効果は計り知れない。

2．雇用（Ｋｏｙｏｕ）「宇宙旅行は新産業として多くの雇用を生み出す」

宇宙旅行による新産業の創出は、様々な分野で多くの雇用機会を生み出すことが可能である。宇宙旅行サービスビジネスをはじめ、多くのビジネスが生まれるだろう。基本的には、世界中で数千万人の雇用を支えている航空業界と同様の産業が考えられる。観光旅行サービス、スペースポート（宇宙空港）、宇宙旅客機の運航、保守、宇宙ホテル、宇宙旅客機製造、保険、教育、娯楽施設といったさまざまな分野でビジネスチャンスを拡大し、大きな市場を形成し、多くの働き場所を提供し、宇宙旅行関連産業で多くの人が働くことができるようになる。

3．環境（Ｋａｎｋｙｏｕ）「宇宙旅行は地球環境保護の切り札になる」

「宇宙太陽光発電システム（ＳＰＳ）プロジェクト」は、太陽光による電気エネルギーを地面まで連続的に送る計画で、既に四〇年前に提案されている。その実現には、膨大な物資の輸送が大きな課題となっているが、安価な宇宙輸送を可能とする宇宙旅行は、この課題の解決に大きく貢献することができる。また、地球環境の破壊の原因はエネルギー産業の汚染と地球資源の奪い合いのための戦争などによる環境破壊である。この破壊を止めるには、新しいエネルギーが必要である。宇宙には太陽エネルギーをはじめ、月や小惑星の資源など、エネルギーや資源不足を解決できる大きな可能性がある。これらの宇宙資源を利用するためには、今までの「鎖国地球」の考え方より「宇宙に簡単に人が行くことができ、宇宙を利用できる世界」が必要になる。そのためには、宇宙に人や物を運ぶ輸送手段と大量需要が必要不可欠になってくる。宇宙旅行はその候補として最も可能性が高いものであり、宇宙旅行の実現が、これらの世界を切り開くことになる。

4．教育（Ｋｙｏｕｉｋｕ）「宇宙旅行は若者の明るい未来をつくるすばらしい教育になる」

宇宙は夢や憧れを抱かせるが、多くの人々にとっては他人事でどこか遠い存在である。しかし、身近で魅力的な宇宙旅行を提供すれば、若者たちは、宇宙への憧れや夢を現実のものとしてとらえ、希望がもてるようになる。若者の「理科離れ」を解決するきっかけにもなるだろう。宇宙旅行産業の創出には新しい能力や知識が必要となるため、新しい教育機会としても期待される。また、宇宙から地球を眺めることで人生観が変わったという話もある。地球を外から眺めたり、宇宙という無重力のまったく新しい生活圏で暮らす経験は、新たな思想や文化、哲学、学問、人生観などを生み、教育的にも効果が期待できる。宇宙への進出は人類の昔からの目標であり、人類の進化につながる。

5．観光（Ｋａｎｋｏｕ）「宇宙旅行は観光産業として地域活性化のための目玉になる」

宇宙旅行は、文字どおり観光産業の一部であり、旅行などの娯楽を人々に提供するものである。現在、観光産業は、最も人気のある娯楽のひとつであり、先進国の政策でも重要産業のひとつとなっている。宇宙旅行は政府の観光産業推進の政策ともマッチするものである。観光産業で地域を活性化させるうえで重要になるのが、「目玉」である。このような新たな宇宙旅行サービスを目玉をして中心に置き、その周辺の関連産業として、スペースポート施設の運営、各種イベント開催、グッズ販売、アミューズメント施設などの総合的な「宇宙観光旅行産業」を創出することで地域活性化に大きく貢献することができる。また、これは、各国に多くある地方空港をスペースポートとして利用することにより、多くの赤字を抱える地方空港の再生になり、税金の有効利用にもつながる。

6．研究（Ｋｅｎｋｙｕ）「宇宙旅行は真の宇宙進出のための最初の重要な研究である」

真の宇宙進出・利用のための最初の重要な研究として、「安価な宇宙アクセス手段の確保」があり、宇宙旅行はそのための研究の第一歩となる。安価な宇宙アクセス手段の確保にあたっては、毎日、何度も宇宙に飛べる輸送機（再使用型宇宙輸送機）が必要であり、そのためには、輸送する物・人が必要であり、大量需要が不可欠である。この大量需要として宇宙旅行に大きな需要があり、最適であると思われている。そして、簡単に宇宙に行けるようになると、本格的に宇宙を利用することが可能となる。したがって、宇宙旅行の研究は、真の宇宙利用のための宇宙アクセス手段の確保に必要なもので、その研究意義はとても大きいのである。そして、宇宙旅行および真の宇宙進出・利用を実現するために、再使用型宇宙輸送機の開発研究、宇宙輸送費の超低価格化研究、宇宙旅客機としての安全性や快適性の研究が重要になってくる。

3章

失われた半世紀

[技術開発史の歪み]

失われた半世紀とは？

第二次世界大戦中、ドイツの一番の悩みはイギリスとアメリカによる空爆だった。イギリスとアメリカは多くのドイツの都市に爆弾を落とし、大勢の市民を殺した。ドイツは都市を守るために多くの戦闘機を開発と製造し、その中でメッサーシュミット社はロケット戦闘機のＭｅ１６３を開発した。一九四〇年代の戦闘機は時速約四〇〇キロメートルで飛んでいたが、Ｍｅ１６３は時速一〇〇〇キロメートルという高速で飛ぶことができた。

ロケット・エンジンは燃焼が速く、燃料は五分程度しかもたなかった。そのため、一分で一気に加速し、高高度まで上昇して、爆撃機をすばやく攻撃した。この戦闘機はパイロットには操縦しにくいと言われたが、終戦までに数百機をつくり、ドイツの主力戦闘機として活躍した。

ドイツは別のプロジェクトとして、ミサイル爆弾をロンドンに飛ばして、落とすためにサブオービタル

「Me163」ロケット戦闘機（1940年代）

A-4ロケットを開発した。このロケットは、米英の爆撃機の攻撃に対する報復(Vengeance)が目的だったため、〝V-2〟と呼ばれるようになった。ドイツからロンドンまでの飛行のために高度約一〇〇キロメートルまで飛んだロケットは、すでに宇宙への飛行を成功させていた。(高度約一〇〇キロメートルは〝宇宙空間〟である。)そして、七〇年前の一九四二年一〇月三日、最初の宇宙への飛行を成功をさせた日の夜にはパーティーが行われた。そのパーティーで、V-2のプロジェクト・リーダーだったヴァルテール・ドルンベルゲルは、宇宙旅行の将来について次のようにスピーチした。「今まで人間は地上、海上、大気圏を旅することができた。われわれは今日一九四二年一〇月三日、宇宙旅行を実行可能にするロケット・システムを実証した。これから輸送の新時代が幕を開ける。宇宙旅行の時代だ!」と。

日本も、アメリカの爆撃機による空爆に対する対策として、Me163に基づいて「秋水」という日本版

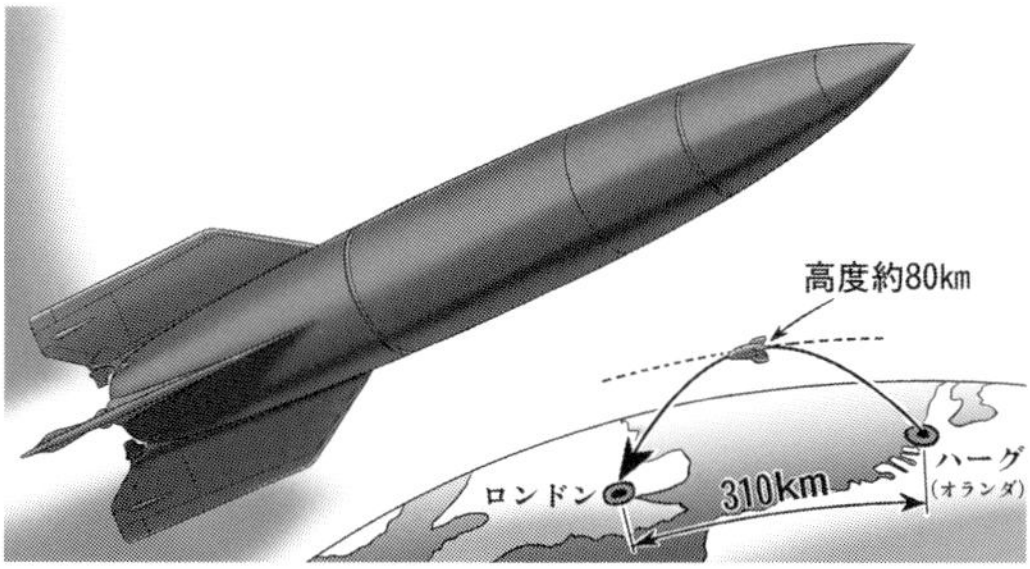

報復兵器　V2

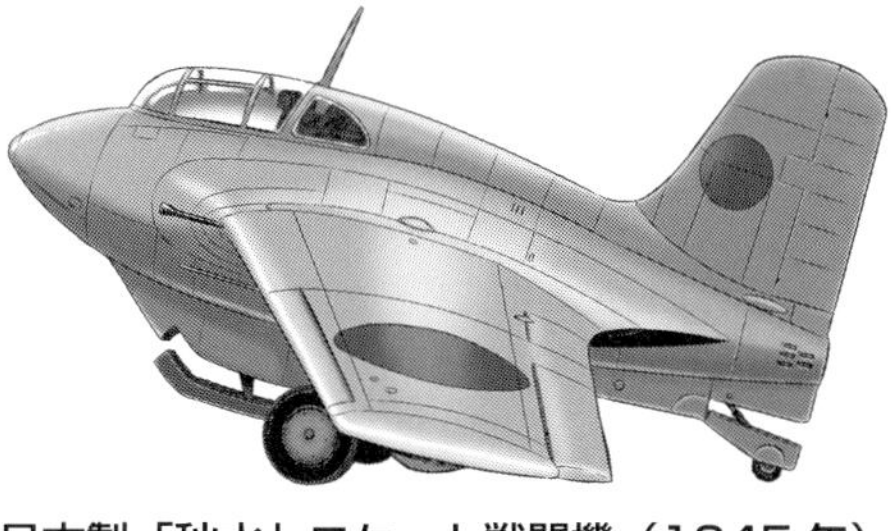

日本製「秋水」ロケット戦闘機(1945年)

のロケット戦闘機をつくっていた。ただ、戦争終結時にはまだ開発中で、テストフライトを実施しているところであった。

もし、第二次世界大戦が通常の戦争と同じように不公平なく終結できていたら、戦争の参加国間の摩擦と国際問題を減らすために条約をつくったであろう。そうすればドイツなどの国は、戦争のためのミサイルをつくらないことは約束しただろうが、この技術を使った宇宙旅行用ロケットの開発は続いていたはずだ。そして、Ｍｅ１６３とＶ２というプロジェクトを両方続けていたら、ドイツ人のエンジニア達は一九五〇年までにサブオービタル宇宙旅行を実現していたに違いない。そして、宇宙のサブオービタルの飛行は天文学、宇宙研究装置の開発、科学実験、訓練などに使われ、一九五〇年代初旬には一般人のための宇宙旅行サービスが（一九五二年に開始されたジェット旅客機サービスより前に）始まった可能性さえあったのである。しかし、アメリカ、旧ソ連とイギリスはドイツ経済を破壊し、ロケットエンジニアを捕まえ、ドイツと日本でのロケット開発をやめさせてしまった。そして、ドイツ人のロケットについての知識を使って何千本もの長距離核ミサイルをつくり、お互いに脅威を与えている。

スペースプレーンのサブオービタル飛行はその後、一九六〇年代にＮＡＳＡがＸ－１５というロケットプレーンによって実現したが、一九六八年にこのプロジェクトは中止してしまった。そして、二〇〇四年、三六年ぶりに民間企業の安く開発したスペースシップワン（ＳＳ１）により改めてサブオービタル飛行が始まり、三回のサブオービタル宇宙飛行に成功した。

もしも、サブオービタル飛行のサービスが一九五〇年に始まっていれば、その数年後には軌道までの輸送機の開発プロジェクトが始まっていただろう。この開発には十年以上かかるが、後述する「スペースキャブ」のような小規模の宇宙輸送機は、一九七〇年くらいまでには開発できていただろう。したがって、開発がまだ始まっていない現在で

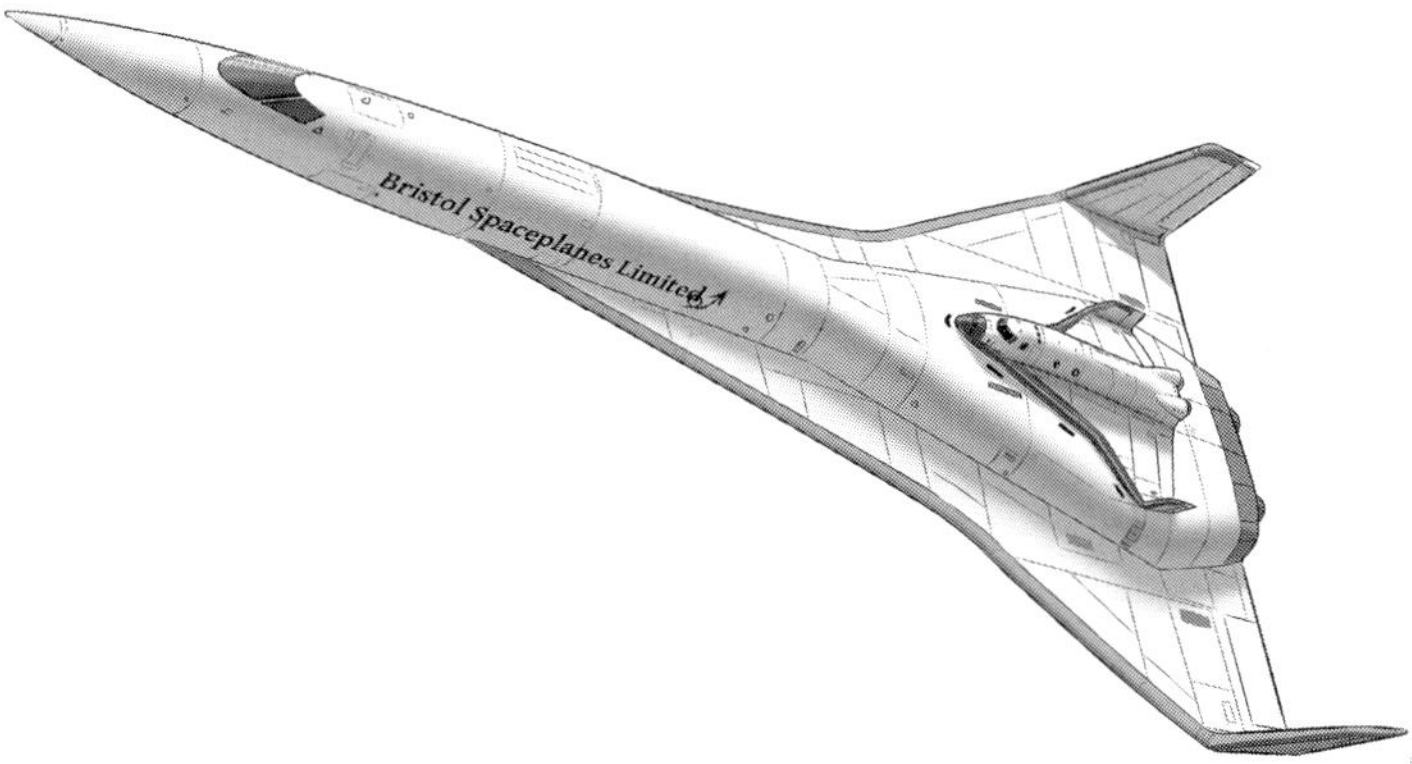

軌道までとべる代表的小型スペースプレインのスペースキャブ

は少なくとも五〇年遅れていると言える。

軌道までの宇宙旅行が一九七〇年に始まっていれば、現在の世界はかなり違っているはずだ。この世界では、すでに、赤道上低軌道に複数の研究施設、宇宙太陽発電所、工場などができ、ホテル、無重力のスポーツセンター、病院なども宇宙にできて、多くの人が軌道上で働き、暮らしているだろう。また、静止軌道には巨大な太陽発電衛星から地上のレクテナ（受電アンテナ）に大量のエネルギーを送り、地上で使っている可能性もある。軌道の工場には月面と小惑星からいろいろな材料が供給され、宇宙での活動はすでに、人間の社会と経済システムにとって重要な役割を果たし、エネルギー不足や資源戦争などの心配は完全に無くなっているだろう。

一九五〇年の人口は現在の半分以下であり、工場の活動と汚染は現在の八分の一であった。将来は、重工業が宇宙でおこなわれるようになるに従って、地球環境の負担は減るので、地球環境は現在よりよくなっているだろう。宇宙旅行のための中心的な技術は、ロケット推進（特に水素燃料）と人工環境制御なので、宇宙旅行の開発のために、クリーンエネルギーおよび生態学システムの研究ももっと早く進んでいたはずである。

ロケット技術の開発が自然に続いたのであれば、ドイツの最初のチームが考えたように、新しいロケット推進システムが宇宙旅行のために使われることになったはずである。しかし現実には、この技術は人間の役に立つ宇宙旅行サービスではなく、対照的にミサイルにしか使われなかった。宇宙旅行は半世紀前に実現可能だった。現在われわれが抱えている環境汚染、エネルギー、失業、貧困などの問題を解決する可能性があったにもかかわらず、政府の政策として実施してこなかったことは、人類にとって大きな損失であり、まさに「失われた半世紀」なのである。

宇宙旅行を始めるのは簡単で、サブオービタル飛行ならばすぐにでも始められる。軌道までの宇宙旅行となると技術的にも難しく、簡単に行けることにならないが、サブオービタル飛行の成功に基づく〝改善〟として、自然に行う進歩は絶対にできるだろう。

軌道用宇宙旅行の可能性

前項で説明したとおり、宇宙までのサブオービタル飛行はガガーリンのフライトの一九年前、スプートニクが軌道に乗った一五年前の一九四二年におこなわれた。その数年後の一九四五年まで、ドイツがつくった何千ものV-2ミサイルが宇宙空間を飛行してロンドンなどに向けて飛ばされてきた。このように、実際に宇宙へのサブオービタル飛行は昔から行われてきた。だからサブオービタル飛行は難しいとは言えないだろう。大昔しの一九四五年にできたことは現在ではもっと簡単であるのだから。

しかし、軌道まで飛ぶためにはサブオービタル飛行より大きなステップが必要になる。これらの差が、どこからくるのか簡単に理解するために、スペースプレーンの飛行に必要な速度がどれくらいであるかを知ることが大切である。高度一〇〇キロメートルへサブオービタル飛行するためには、およそ秒速一キロの速度が要る。この速度に到達すると、エンジンをカットして、スペースプレーンは浮くように一〇〇キロメートルの高度まで上昇するのである。しか

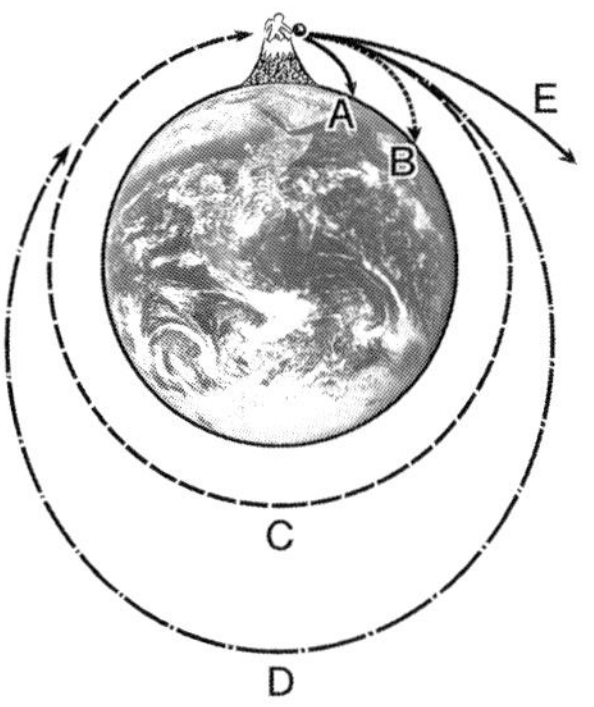
●山の上から水平方向に石を投げると、やがて地表に落ちる(A)
●より速い速度で投げると、より遠くの地点に落ちる(B)
●投げる速度がある値(7.9km/sec)になると、地球の丸みに沿って円軌道を描く(C)
●さらに速い速度では、楕円を描く(D)
●速度が脱出速度(11.2km/sec)を超えると、地球の重力を振り切り、戻ってこなくなる(E)
(大気による摩擦は無視する)

ニュートン博士の軌道の説明

し、空中で石が投げられるのと同じように、最高点に到達すると乗り物は地球に向けて落下する。

軌道に乗るために、スペースプレーンは地球に落ちないようにとても速く水平に飛行する必要がある。その速度は高度によるが、秒速約八キロメートルであり、短いサブオービタル飛行よりかなり速い速度が必要である。加えて、乗り物の推進力を上げるために必要な推進剤の質量は速度の二乗で増えるので、サブオービタル飛行よりおよそ八×八＝六四倍の推進剤を必要とする。

同様に、減速して地上に着陸するために、ロケットはこの速度を減らさなくてはならない。大気圏への〝再突入〟で、乗り物は大気の空気抵抗を受けて減速するが、その空気抵抗による摩擦熱により乗り物周囲の温度が上昇する。軌道からの再突入の場合、サブオービタル飛行よりはるかに高い温度上昇が発生し、約六四倍もの熱を引き起こす。そして、軌道の旅客機は、軽量であると同時に、熱に強く、抵抗力がなくてはならない。

このように軌道宇宙旅行は、サブオービタル飛行と比べて技術的に難しい部分はあるが、もちろん無理なことではない。そして、軌道用再使用型ロケットの研究は、各国のさまざまな長い経験をもつ数人の研究者や航空エンジニアによって、今まで実際におこなわれてきた。しかし、奇妙なことに、ほ

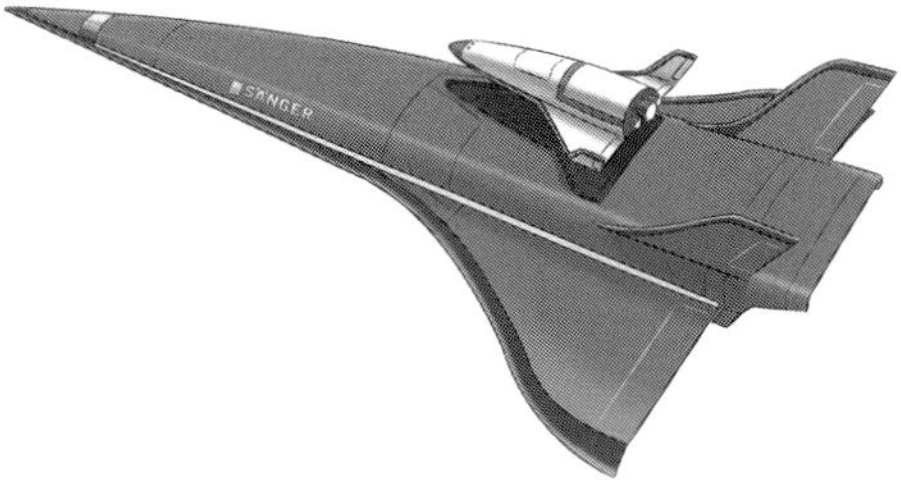

ケーレ氏の「ゼンガー」

ボーノ氏の「SASSTO」

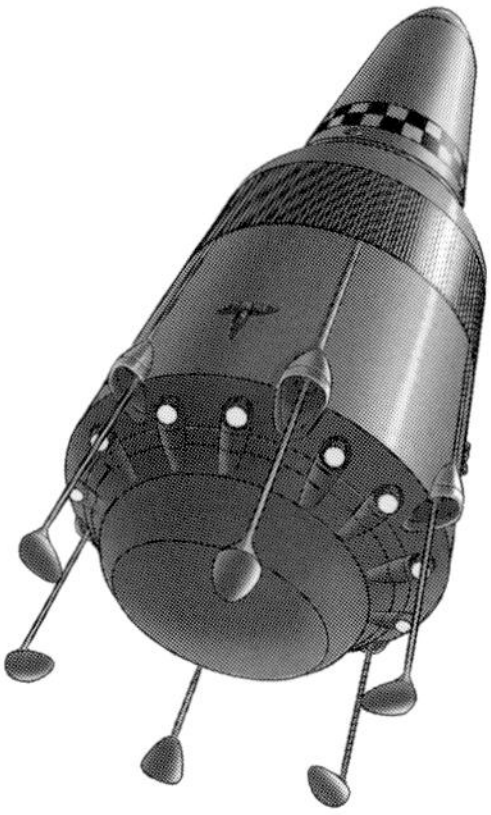

ケーレ氏の「ベータ」

とんど過去五〇年間、宇宙活動において力のある全世界の宇宙機関によって費やされた二〇〇兆円のいずれも、宇宙旅行の可能性を研究するために使用されてはいないのである。

以降に様々な技術的な設計や研究をきちんと考えてきた人を紹介する。もちろん、現在、このことについて、インターネットでたくさんの情報をすぐ見つけられる。

1．フィリップ・ボーノ

再使用型の垂直離着陸機（VTOL）の昔からの推奨者である。

一九六〇年代に、アメリカの有人宇宙活動プロジェクトの使い捨てロケットの技術と部品を使い、いろいろな目的のための低コストの再使用型のロケットを開発できると説明した。

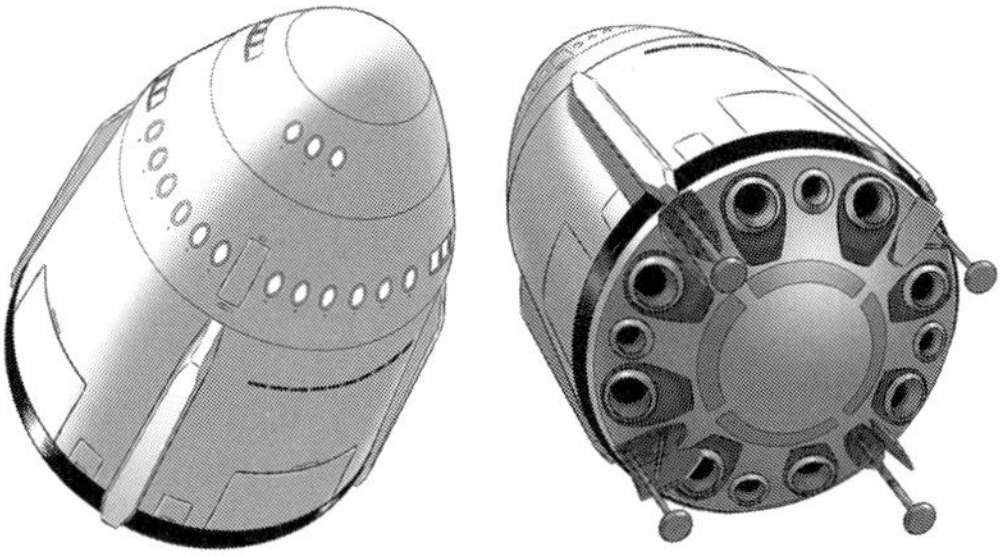

JRSの「観光丸」

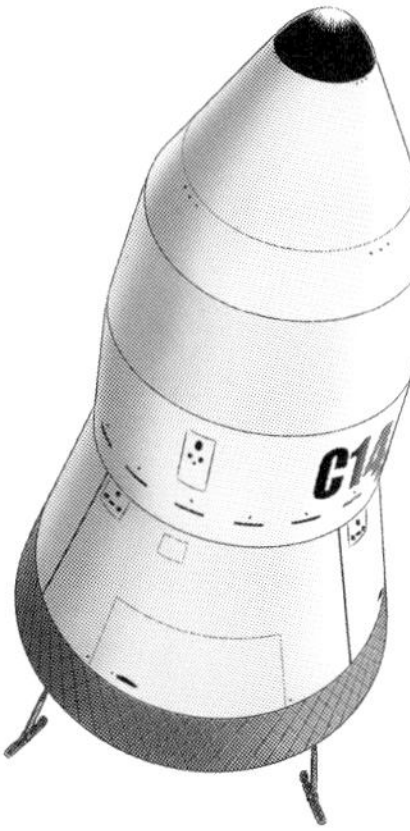

ハドソン氏の「フェニックス」

2. ディートリッヒ・ケーレ

ヨーロッパにおける再使用型のＶＴＯＬの推奨者で、小型・大型の貨物や乗客用の輸送機のシリーズである〝ベータ〟を一九七〇年代から設計した。これに加えて、水平離着陸機の〝ゼンガー〟の旅客機バーションも設計している。

3. ギャリー・ハドソン

パシフィック・アメリカン打ち上げシステム社の創設者であり、アメリカの乗客用の低コスト再使用型ロケットの推奨者である。ボーノのロケットをアップデートしたロケット〝フェニックス〟は、旅行産業などに役に立つものであろうと一九八〇年代から説明してきた。

4. 日本ロケット協会（ＪＲＳ）のメンバー

長友信人教授が指導したＪＲＳの一九九三年～二〇〇二年に行われた「宇宙旅行研究企画」であり、世界で初めて宇宙旅行産業の可能性について詳しく研究した。結果として、〝観光丸〟という概念設計をつくり、五〇人乗りで、軌道まで行ける単段式のＶＴＯＬ機を推奨した。この研究はアメリカとヨーロッパで高い評価を受けた。アメリカ

宇宙旅行の父が提案している「アセンダー」
イラスト：デービッド・アッシュフォード

でも宇宙旅行の推進活動を進める影響を与えた（特にＮＡＳＡとＳＴＡ（宇宙輸送協会）の共同研究のきっかけになった）。

５．デービッド・アッシュフォード

ブリストル・スペースプレーンズ社の創立者。一九七〇年代以降、宇宙旅行の重要性を提案しているアッシュフォード氏は現在「宇宙旅行の父」と言える。小型のスペースキャブと大型のスペースバスは二段式の飛行機型ＨＴＯＬの旅客機として有名である。欧州宇宙局（ＥＳＡ）に依頼された研究で、スペースキャブは数千億円で実現可能という報告を出している。唯一に、これに加えて、その準備プロジェクトとして、安価なサブオービタルなスペースプレーンの「アセンダー」も設計した。

６．アイバン・ベッキー

ＮＡＳＡ先端プロジェクトオフィスの前担当者。一九九八年に軌道まで行ける宇宙旅客機の見積もりを発表した。その開発費は新しい飛行機に相当して、何千億円になり、上記のエンジニア達と同じ結果になった。

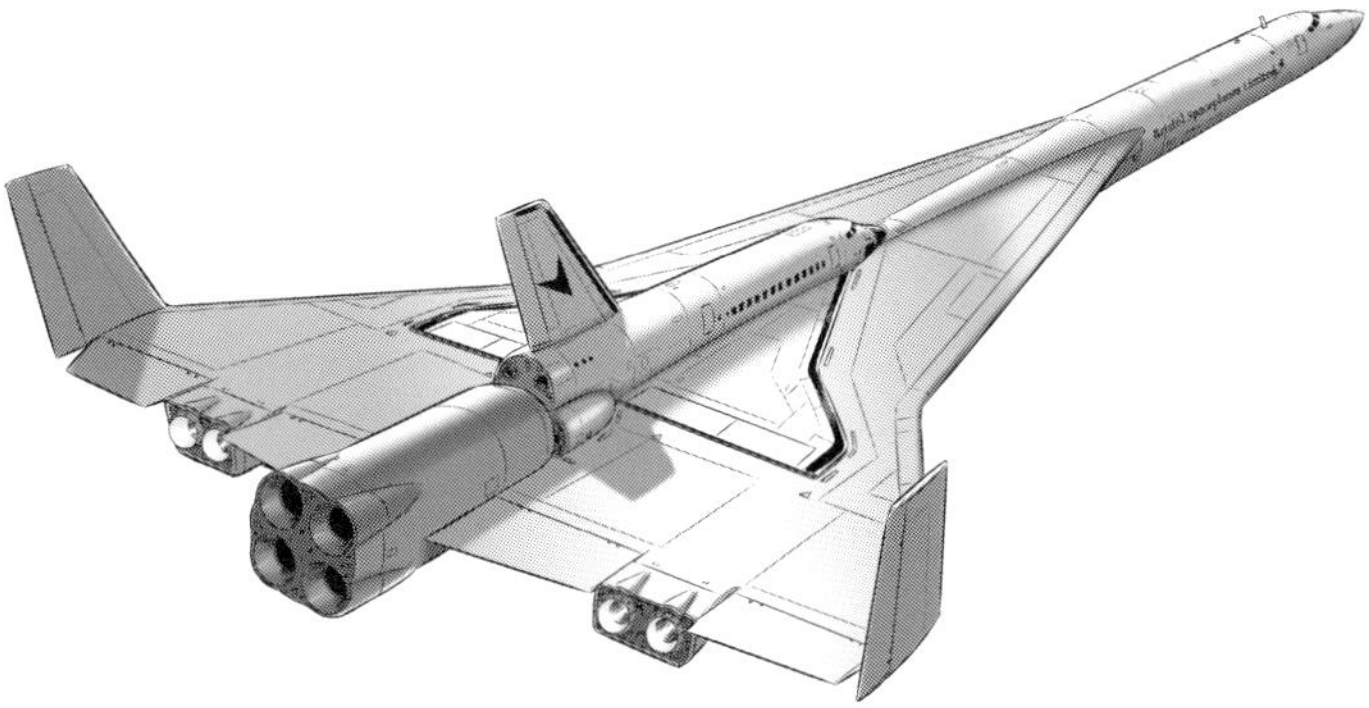

アッシュフォード氏の「スペースバス」
イラスト：デービッド・アッシュフォード

宇宙政策の間違い――宇宙機関は宇宙旅行に抵抗している

一九五七年の「スプートニク・ショック」の後、一九五八年に冷戦下の外交の競争に貢献するためにアメリカの連邦宇宙局（NASA）が設立された。アポロ計画は旧ソ連より早く月面着陸できたので、世界中でアメリカの技術力は旧ソ連より進んでいると見られた。一九八〇年代、アメリカ政府はNASAの法的責任を書き直した。「宇宙の商業利用をできるだけ調べて支持する」という新しい法的責任が定められたのである。ほかの国、特に欧州と日本の政府はこの法律を真似た。しかし、事実上、各国の宇宙機関はこの法的な義務をほとんど無視している。

商業利用とは、何よりも「国民が望む製品とサービスは何か？」で始まるはずである。しかし、宇宙機関はこういう市場調査をほとんど実施したことがない。市場調査をおこなえば、国民が宇宙旅行サービスを望んでいるとすぐわかったにもかかわらず、毎年二兆円の予算から宇宙旅行の可能性を調べるためにほんのわずかな予算も使うことはなかった。これは国民にとって不幸なことである。国民が望むサービスを提供しないだけではなく、全世界の宇宙機関がこれまでに費やした二〇〇兆円という莫大なお金は、国民の税金であり、国民の負担になっている。そして、このお金の大部分はさまざまな技術開発に使われたが、それが経済成長にほとんど貢献しないものであることは大きな問題である。
さらに、最も大きな過ちは、各国の宇宙機関が宇宙旅行の発展を妨害してしまったことだろう。一九九八年に、アメリカ宇宙輸送協会（ＳＴＡ）とＮＡＳＡの宇宙旅行の可能性についての共同研究の結果が出版された時、当時ＮＡＳＡ長官だったゴールディン氏は、このレポートをＮＡＳＡのホームページに掲載することを許さなかった。国民の税金を使ってＮＡＳＡの予算でつくったこのレポートは、ＮＡＳＡの何千冊ものレポートの中で、経済的価値が一番高いものであったのに。
著者は約十年前、ある発表会で、ＮＡＳＡのゴールディン長官と彼の部下にレポートの掲載を頼んだことがあった。その時彼らは、皆の前で、そのレポートをＮＡＳＡのホームページに載せると約束したが、まだ掲載されていない。これは興味深い事実として歴史に残る出来事ではないか？　国民の税金を使って、経済の観点から一番有望な宇宙活動を説明するレポートを、国民へ十数年明かされていない。

このレポートは著者のホームページにある。

www.uchuryokougaku.com

また、一九九〇年代に、アメリカ防衛庁はＤＣ・Ｘという安い再使用型ロケットの実験機をつくって、低高度まで数回のテストフライトを実施した。そのプロジェクトは、ＮＡＳＡのＤＣ・ＸＡというプロジェクトに引き継がれ、その後、数回の飛行をおこなった。しかし、小さい事故の後でゴールディン長官はすぐに中止した。その代わり百倍の予算になる数千億円を、Ｘ３３とＸ３４の再使用型ロケットの実験機に費やしたが、五年後にいずれのプロジェクトも中止した。結果として、ゴールディン長官の十年間の任期中、ＮＡＳＡに再使用型旅客機の研究の進歩はなかった。

二〇〇一年、アメリカの富豪デニス・チトー氏が、ロシア連邦宇宙局（ＲＦＳＡ）に数十億円ものお金を払って、ロシアのソユーズロケットに乗って国際宇宙ステーションに行こうとしたとき、ＮＡＳＡ長官のゴールディン氏は彼を「愛国主義者じゃない」と批判した。また、国際宇宙ステーションへ行けないようにするために「ロシア連邦宇宙局を訴える」などと述べたが、ロシア連邦宇宙局はそれを無視して、国際宇宙ステーションに行くことを許した。そして、アメリカのボーイスカウト団体は「グレイト・アメリカ人」として報酬を与えたのである。

残念だが、ほかの国の宇宙機関の考え方もＮＡＳＡと同じで、宇宙活動の商業化の責任を無視している。欧州の宇宙機関の理事もメディアで、政府の宇宙飛行士以外の人間が宇宙ステーションへ行くことを批判した。日本でも、この極めて重要な研究の九〇年代中のパイオニアが日本人であったのに、政府は支持していない。また、ＩＳＴＳという発表会の宇宙旅行についてのセッションは二〇〇〇年と二〇〇二年にとても人気だったにもかかわらず二〇〇四年以後中止した。このように、宇宙機関は一般の人たちの宇宙旅行サービスの実現への進歩を妨害していると言わざるを得ない。

近年、アメリカ連邦航空局（ＦＡＡ）は宇宙旅行の発展を支持することになったが、ほかの国はまだ遅れている。日本航空協会は研究会を設立して、シンポジウムを五回開催したが、国土交通省の航空局はまだ推進していないのが現状である。

「正しい宇宙政策」が重要なカギだ！

宇宙政策の誤りは、経済に貢献し、国民の望むサービスである宇宙旅行を拒否してきたことであるが、じつはもっと大きな誤りをおかしていると考えられる。それは、「宇宙開発は何のためにやるのか?」ということである。

宇宙開発の究極の目的は「人類の宇宙進出」ではないだろうか?そうであれば、一番優先的にやるべきは「宇宙に誰もが簡単に行けるようになること」ではないか?そのためには、宇宙へアクセスする宇宙輸送機が必要で、まずはこの開発を目指すことが、一番大事なことである。そう考えれば、宇宙旅行の実現を目指すことが自然で正しい方向なのである。

これをしない今までの宇宙政策は「誤っている」と言わざるを得ない。そして、この本で説明した通り、宇宙旅行の可能性は以前より充分あり、半世紀前から始めていたら、今ごろは実現していた可能性が非常に高く、もうすでに半世紀の遅れがあるのである。しかし、今からでも遅すぎはしない。この提案を理解し、今後、宇宙政策が正しい方向に行くことを願う。宇宙旅行の可能性は「正しい宇宙政策」が重要なカギを握っているのである。

4章

宇宙旅行実現のための基本技術

[安心で安全な確立した技術]

安全に運航しやすい輸送機には様々な技術が使われる。宇宙旅行を実現するために、ここで一つずつの可能性について説明する。

ロケット推進

飛行機は、空気を酸化剤として使って燃料を燃やし、空中を飛ぶ。エンジンの推進は、プロペラかタービンで空気を後ろに押し出すことで前進する。一方、ロケットは空気のない宇宙で飛行するために、酸化剤を運び、それを使って燃料を燃やすことで推進する。ロケットは、ノズルからの後方への噴射によって前に進むという原理を使っている。ロケット推進でいちばん大事なのは、必要な速度を得ることである。軌道に乗るためには、秒速八キロメートルで加速する必要がある。そのためには多くの燃料を運ぶ必要があり、必然的にロケットの機体は軽くて強くなくてはならない。多段式ロケットを使えば、宇宙まで行く部分は小さくて軽くてよいので、単段式ロケットと比べて、宇宙まで運ぶ燃料は少なく、コストダウンになる。

宇宙旅行で使用するロケットは〝再使用型ロケット〟であり、何度も使う必要があるため、使い捨てロケットより丈夫で重くなる。したがって、運用費用を安くする単段式の再使用型ロケットの開発は特に難しい。

例えば、スペースシャトルの燃料タンクとメインエンジンを五機使えば、二〇トンのペイロードを軌道まで運べる単段式ロケットを開発できるが、これは使い捨てロケットである。再使用型のロケットをつくるためには、再突入の耐熱材および着陸するための燃料、翼や車輪なども必要であり、また、再使用するためにはエンジンの耐久性も問題になる。このため、軌道まで運べるペイロードはゼロに近くに少なくなる、または毎回のメンテナンスの費用も高い。現在の材料、技術では、ここまで軽くするのは難しいため、カーボンナノチューブのような軽くて丈夫な新材料の研究を進める必要がある。

現時点において、軌道まで行ける再使用型二段式のロケット製作は、既存の技術力で可能である。将来、宇宙旅行のための単段式ロケットも技術の進歩によって可能になると思われるが、宇宙旅行産業を始めるために、今から必要なわけではない。

人工環境制御

人間が宇宙に行くために必要な技術の二つ目は、宇宙で安全と快適さを提供する人工環境制御の技術である。これは新しい先端技術を必要とするエアコンシステムのようなもので、あらゆる状態を制御する必要がある。宇宙では、外部の空気を取り入れることができないので、部屋の空気を循環させて使うことになる。そのため、空気を細かくモニタして、制御する必要がある。人工環境制御システムは、温度、ガスの割合、ガスの圧力、湿度、放射線、騒音などさまざまな要素を制御しなければならない。また、人間の排気する二酸化炭素を吸収して酸素と水をリサイクルしたり、有害ガスを出さない材料を使用する必要もある。

サブオービタル飛行の場合、宇宙での環境は数分という短時間なので、航空機のキャビンと同等の環境制御システムで問題ない。しかし、国際宇宙ステーションやこれからのホテルへの滞在は長期になるので、潜水艦のような環境維持システムになるが、外部の水や空気を使えない宇宙ではもっと難しくなる。簡単に言うと、宇宙ホテルの乗客は巨大な〝機械〟の中にいるようなものであり、非常に高い信頼性が要求される。

しかし、世界のメーカーはすでに、サリュート（ソビエト連邦の宇宙ステーション。一九七一～一九八五年）、スカイラブ（アメリカの宇宙ステーション、一九七三～一九七四年）、ミール（ソビエト連邦の宇宙ステーション、一九八六〜二〇〇一年）などの開発を通じて、環境制御システムについては長い経験をもっている。大型宇宙ホテルはまったく新しいものではなく、既存のプロジェクトの延長なのである。

宇宙飛行士でない数百人の乗客のためのホテルは、設計者にとって興味深い技術がある。例えば、客室への水の供給と下水システムの設計などである。宇宙で暮らそうとすると、すべての日常生活は機械に依存することになる。そのため、機械とメカトロニクス産業が大きく成長することになり、メーカーにとってとても魅力的な分野になるだろう。

宇宙機の熱制御

地上に住んでいる人達の使っているエンジンや機械などの温度を空気か水の流れで制御する。車の場合、エンジンからの熱を水で取って、その熱をラジエーターに通る空気に交換する。しかし、宇宙というのは大気圏の外なので、空気も水の流れもなく、宇宙機のような機械の温度を赤外線の放射と吸収で制御する。

宇宙で、放射エネルギーの大部分は太陽エネルギーなので、光が当たる宇宙機の部分の温度が二〇〇℃以上までになり、陰にある部分はマイナス二〇〇℃以下になる。このために、宇宙機の全体の温度の制御が極めて重要であり、ラジエーターが使える。ラジエーターの制御のため、太陽に対しての方向も正確に調整する必要がある。

さらに複雑なのは、宇宙機の違う部分の温度は太陽エネルギーだけではなく、お互いの温度を赤外線の交換で等しくなるように制御されるが、太陽の方向は連続に動いているので温度が変化していることである。

このように宇宙での熱制御は複雑であるが、宇宙機の設計と運用の数十年中の経験があるので、コンピューターの利用で詳しい三次元の分析をすることができ、宇宙機の設計において特に難しいものではなくなった。ただし、機内の空気供給の制御と同じように重要なので、その信頼性が一〇〇パーセントではないといけない。そのため、二つの独立のシステムを使って、そのメンテナンスと修理ができるようなシステムにしている。

物理学の現象として、全てのものが熱くなると膨張するが、材料の種類による。従って、宇宙機の違う部分の間の温度差が大きくなれば、ストレスが出て、壊れるリスクもある。設計者はこれらを考慮して宇宙での環境温度に合うように設計する。

再使用／再利用

世界中の輸送システムに使われている輸送機であるボート、馬車、船、列車、車、航空機などは全部「再使用型」ということは当たり前である。一回だけ使う輸送機は宇宙産業のロケットだけである。ロケットの技術が第二次世界大戦時に開発されたら、現在でも変わらずロケット輸送機はミサイルの考え方に基づいている。このために各使い捨てロケットの打ち上げは初めてになるので、同じ種類のロケットを何台造っても、飛ぶ機体は初めて飛ぶので、運用についてのデータはとても少ない。全体として、使い捨て型ロケットについてのデータは少ないので、その信頼性は他の輸送機より非常に低い。

航空産業の考え方は全然違う。航空機の新しい種類を開発したら、同じ機体でたくさんのテスト・フライトを実施し、その安全性を定量的に確認して、乗客を運ぶ免許を受ける。基礎的に、航空機の信頼性は統計に基づいているので、確実に理解される。

しかし、過去には航空産業の考え方に基づいて、再使用型ロケット飛行機が昔からもあった。一九四〇年代にも一九五〇年代にもロケット戦闘機とロケットエンジンを使った旅客機も造られた。一九六〇年代に、米政府の宇宙まで飛んだX・15という有名な実験機型ロケット飛行機は約百回も宇宙までサブオービタル飛行を行ったが一九六八年にこのプロジェクトは中止された。

その時から三六年間中、ロケット飛行機の研究がほとんどなかったが、二〇〇四年に米中小企業が造った「スペースシップワン」は三回のサブオービタル飛行を行った。そのプロジェクトの費用の二〇億円前後は宇宙局の使っているお金の数時間分だけなので、やはり技術と知識の進歩のお陰で宇宙への旅は簡単になったことが明らかになった。

簡単に考えると、もし飛行機も使い捨て型だったら、百億円かかる二百人乗り飛行機の切符は一人五千万円。この値段で続いていたら、航空産業はほとんどないだろう。政府の代表だけは「アエロノート」として研究などのために飛行機を利用しているだろう。しかし、事実上、古い飛行機をリサイクルするまでに、各機体が数万回飛ぶので、切符の値段は一人当たり数千円だけになって、世界中の中間層の人達はよく乗ることができる。そして航空産業の成長のために、二〇一〇年に二五億人は飛行機で飛んで、世界経済の働き方に大いに貢献している。また、世界中の人達が飛行機に乗って、楽しんで海外旅行をして、観光地のお陰でたくさんの国は発展することができている。

輸送機を繰り返して利用すれば、安くなるだけではない。その上、その信頼性及び安全性も高くなる。信頼性は統計に依存するので、各機体についても各部品についても運用データたくさん集まって、その分析に基づいてその寿命を正確に予測できる。また、必要なメンテナンスも詳しく理解することができる。

サブオービタルとオービタル

サブオービタル飛行の秒速一キロメートルの代わりに、地球の周回軌道に乗るためには秒速約八キロメートルで飛ぶ必要がある（上記の65頁のニュートン博士の説明に参照）。物理学で定義した「運動エネルギー」は秒速の二条

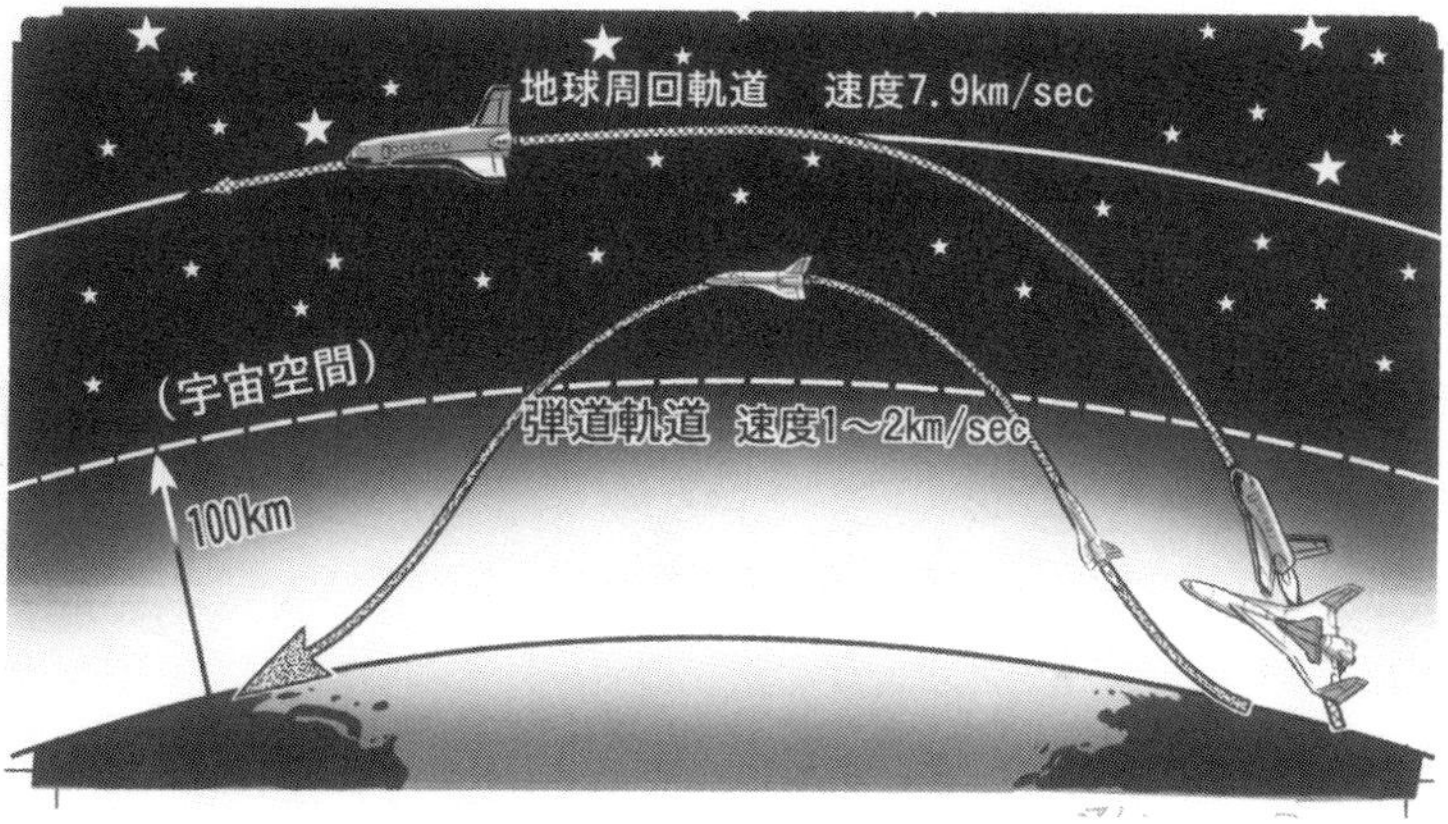

サブオービタル飛行について

に比例しているので、軌道に乗るために必要な燃料は高度百キロまでのサブオービタル飛行より（八×八）＝六四倍くらいである。従って、燃料タンクも宇宙船のサイズも大きくなって、機体を軽くて強くすることは設計者にとって難しくなる。

その上、宇宙から帰る時、大気圏に秒速八キロメートルで再突入すると、宇宙船の運動エネルギーは空気摩擦で熱になる。サブオービタルより約六四倍多いので、必要な防熱能力もとても高い。また、何回往復しても必要なメンテナンスを少なくしなければ、運航費は安くならない。そうすると、ニワトリとタマゴのように乗客数は大きく増えない。

現在の乗客用飛行機のように、毎日何年間も安全に飛べるために、宇宙旅客機の技術開発はまだまだ必要である。言いかえればサブオービタルは技術的に簡単で比較的容易に実現できると言える。これで宇宙旅行の実現に向け、一歩前進する。

二点間高速輸送システムの問題点

ある人は「楽しみだけのサブオービタル飛行より、東京からニューヨークなどへの高速輸送サービスの方が、良い利用方法だろう」と提案している。しかし、下記の三つの理由から、これは間違っているとわかる。

1　輸送機は大きくて高価

サブオービタル輸送機は遠くまで長距離飛行しなくてはならないため、数分の上下の飛行より多くの推進力が必要になり、技術的には、軌道へ飛ぶ大型輸送機に似ているので、機体は何倍も大きくなり、とても高価になる。

2　需要は少ない

超音速飛行機コンコルドの前例に見られるように、「高くても早く行きたい」と考える乗客はとても少ない。航空市場調査によれば、ほとんどの乗客は「時間がかかっても安い方がよい」と考えている。このため、ボーイング社は超音速旅客機の製造を止めたため、コンコルドのサービスは大赤字で終わった。

3　ロジスティックスの問題

スペースポート間の時間が短くても、たくさんのスペースポートを造らなければ、乗客の時間の倹約にはならない。スペースポートに行く時間が何時間もかかるのであれば、旅全体の時間は短くならない。それより、観光用サブオービタルなサービスは実現しやすい。対照的に、軌道への輸送サービスの「ハブ・スペースポート」はサブオービタル観光飛行より良い目的だと言えるが、それは約二〇年後以降に実現するだろう。

上記の理由のため、一般の人達のサブオービタル宇宙旅行サービスの方が、有望なビジネス・チャンスであるとわかる。そして若い世代に大人気なので、数十年も新産業不足に苦しんでいる日本経済に大いに貢献すると考えられる。

ＨＴＯＬとＶＴＯＬ

垂直離着陸機（ＶＴＯＬ）と水平離着陸機（ＨＴＯＬ）には、それぞれ長所と短所がある。双方を要約すると、ＶＴＯＬ用のスペースポートに滑走路は要らない。しかしＨＴＯＬの場合はエンジンが故障しても着陸できる。ＨＴＯＬは飛行機のようなものなので、乗客の観点から慣れているので安心感がある。しかしＶＴＯＬは昔のロケットのように打ち上げるタイプなのでエキサイティングで楽しいはずであると言われている。ＶＴＯＬは軌道上産業の貨物船として、ＨＴＯＬよりホテルの部分のようなもっと大きいものを運べる。

既存の技術で単段式の輸送機を造ると、究極的に軽いので丈夫ではなく、メンテナンスなどの運用費用は充分安くならない。しかし二段式にすると、ＨＴＯＬの方は運用しやすいので最初のサービスは二段式ＨＴＯＬ、数年後単段式ＶＴＯＬのサービスも開始するという流れになるだろう。

結論として、やはり将来的にも両方とも重要な役割をするので、最初のサブオービタル飛行用輸送機は、両方とも造って運航する方がとても好ましい。幸いにも日本には両方の優れた専門家がいるので、どちらかだけを造ることになれば、もう片方の能力とビジネス・チャンスが失われ、日本にとって大きな損失になるからである。

テスト・フライト

新しい航空機は、乗客を運ぶ仕事に使える前に、テスト・フライトを充分しなければならない。各テスト・フライトには同じ機体の「フライト・エンベロープ」を段階的に拡大する。すなわち少しずつ高く、速く飛びながら、問題がある時はデータを分析して解決する。同じ機体が何回、何百回、何千回も無事に飛ぶことができたら、機体全体についても各部品についても信頼性が統計的に計算することになるので、航空機のように安全性を確認することができる。このやり方に基づいて、メーカは部品の信頼性や必要なメンテナンスなどを詳しく理解することになる。そして保険会社は航空機と航空会社の活動を保証することもできるようになるので、乗客に最適の現在の航空システムは実現した。

これとは対照的に、「使い捨て型」輸送機についてのデータは、非常に少ない。また、各使い捨てロケットの発射は、同じ種類のロケットを何台造っても、飛ぶ機体は初めて飛ぶので、運用についての統計は足りない。従って、使い捨てロケットの信頼性は飛行機より約一万倍低いのである。この合理的、科学的なシステムは数世紀のエンジニアの経験から発展してきた。航空産業の大成功の観点から見れば、確かに、宇宙旅行は航空産業の働き方や発展に基づけば、同じように成功するに違いないということがわかる。

ライセンス

航空産業の百年の経験に基づいて、誰もが自分の飛行機を造れば、実験機のライセンスをもらって、適当な場所で飛ぶことができる。その上、友人が乗りたければ、自由に乗れる。しかし、その飛行機に乗るために一般の人達に切符を売る前に、航空産業の担当している免許を受けなければならない。なぜなら一般の人達が自分でリスクを評価するための必要な専門知識をもっていないからである

商用活動として乗客を運ぶ免許を受けるために、飛行機の安全性を証明しなければならない。テストフライトを何回も飛びながら、明らかになる問題を解決して、最高速度、最高高度、最高重さなどなどの限りを全部確認する必要がある。このように、飛行機のシステム全体の信頼性を理解したら、その安全性の免許を受けれるので、運航する会社（スペースライン）の使わなければいけないルールを全部詳しく決めることができ、最後に保険会社は保証するこ

とができる。こうして宇宙旅行は、航空産業と同じように、安全性の高い、乗客の買いたいサービスを売ることができる。

スペースポート（宇宙空港）

航空産業の安全規制は航空機だけではなく、空港にも応用されている。従って、米FAAは宇宙船だけではなく、スペースポートにも安全基準などの規制を既に作った。普通の空港に比べて、スペースポートにはロケット・エンジンの専用推進剤のタンクと供給システム及び高高度レーダーのサービスの必要がある。この技術の安全性を確保するために必要な科学知識は、現在の宇宙活動に充分あるが今まで空港に使われていなかった。

ある空港でスペースポートのサービスをできるだけ安くしようとする場合、推進剤と高高度のレーダはトラック上設備で簡単にできる。従って、田舎にある小さな空港からでも「エアーショー」などの時にサブオービタルサービスを行うことができる。高高度の天気についての必要な情報を気象庁からどこでも受けることもできる。

しかし、逆の考え方もある。スペースポートというのは歴史に残る施設なので、その近所の大事なインフラになって、観光地にもなると考えられる。そうであれば、その建設予算をできるだけ小さくするより、何百年でも残るような立派な建物を建てることも適当ではないかという観点もある。従って、ある自治体は「アジア初スペースポート」か「日本初スペースポート」か「西日本初スペースポート」として立派な建物を造ろうとする方がいいではないか？という声もある。確かに、建築家にとって、スペースポートは既に興味深いアイデアなので、スペースポート・デザイン・コンテストでも適当だろう。

現在、ほとんどの空港で複数の商用活動は行っている。輸送以外、乗客に複数のサービスを供給する、食事、宿泊、お土産、近所の観光などである。サブオービタルサービスの最初の段階から、乗客の家族のメンバーや友達なども一緒にスペースポートに来るので、近所のホテルや旅館などの客さんを増やすことになる。

観光以上に、ある空港には会議室やビジネス・センターなどもある。国際会議は空港にあるコンファレンス・センターによく開催されることになっている。乗客以外、輸送機のメンテナンスや修理などの活動もある。そして航空の場合、貨物もどんどん大規模のビジネスまで成長している。この代わりに、サブオービタル飛行は科学者や技術の研究者や写真家などにも使われるので、色々な違う専門分野の研究センターとその関連サービスの施設はスペースポートの近所で建設される。また、空港で飛行機の運航を見ることが好きな客さんもいるように、必ずスペースプレーンとロケットを眺めるためにスペースポートに来る客さんもいる。実際には大勢いるかも知れない。

Column

スペースポートか射場か?

現在、衛星と使い捨てロケットを打上げる場所を、イメージアップするために「スペースポート」と呼ぶことがある。しかし、言葉を正確に使う必要がある。宇宙空港は空港のように人間が宇宙まで飛ぶ港とする。それと異なって、衛星や宇宙飛行士を使い捨てロケットに打上げる場所は射場もしくは打ち上げ所と呼ぶ。これからのサブオービタル用スペースポートは、大衆向きサービスが毎日何回も飛んで、近所の研究所やホテルや観光地などもつなぐ。

軌道用スペースポートはもっと巨大な建物、推進剤、倉庫、観光客用の訓練場、ホテルなど巨大な空港設備が必要で、費用もサブオービタルの十倍以上になる。その上、二四時間運営されるので軌道用スペースポートは大規模で、たくさんのサービスを研究者、スペコン、ホテルマン、訓練生、宇宙エンジニア、観光客、学生と先生、スポーツ選手とファン、宇宙警察などのユーザに提供することになる。いわゆる、空港のように商業活動の重要なビジネス・センターになるので、日本で良い計画をするために早く始める方が良い。毎年何兆円の公共工事の予算の中で、立派なプロジェクトを簡単に用意することができる違いない。

Column

ロケットの騒音は問題にならない

ある人の話によると、ロケットエンジンはとても騒音がひどいので問題であると言われている。しかし、エンジニアはロケットの騒音を減らす方法を既に知っているが、現在は需要と必要性がないので実際の開発には至っていない。現在のロケットは比較的に危ないので、誰もいない遠い場所から打ち上げるので騒音に対して誰も文句は言わない。サブオービタル用旅客機の最初の世代のロケットエンジンは小さくて、一分程度しか使わないので、ほとんどの場合騒音は問題にならないだろう。

しかし、ロケットエンジンの騒音の原因は早く出る排気ガスと周りの空気との摩擦によるものであることをエンジニアは知っている。大型飛行機のジェットエンジンは、戦闘機のエンジンよりとても静かである。なぜなら、前方に大きなファンを持つことにより、周りの空気を後方に流すので、ジェットエンジンの排気ガスと周りの空気の摩擦は抑えることができるので騒音も少なくできる。ロケットエンジンでも同じようなアイデアは効果的であることが数十年前の実験でわかった。ロケット・エンジンのノズルの淵からスチームを噴射することで、同じ効果を得ることで摩擦を減らし、騒音削減に効果的であることを確認した。この技術の開発が完成する企業には素晴らしいビジネスチャンスになるだろう。

運航サービス

サブオービタルサービスを運航する「スペースライン」と呼ばれるような会社は、中小航空会社に似ているだろう。数十年のうちに成長したら大型になるだろうが、最初からの活動は比較的に少ない。サブオービタルサービスの乗客が毎年百万人になっても、航空産業の毎年二五億人の一万分の一にもならない。スペースラインは航空会社のビジネス・モデルと安全性の百年の進歩にもとづいて成功して大きく成長するだろう。

宇宙旅行サービスを供給する会社にとって、乗客の需要は一番なので、色々な関連サービスも供給する。昼だけ飛ぶより、「ナイター」も面白いだろう。夜景のきれいな都市を眺められたり、満月の夜などは魅力的だ。同じ場所でも違う季節の便も興味深いだろう。そして宇宙へ飛ぶ前に、色々な準備、訓練、リハーサルなどする乗客はいるだろう。今まで、ある国で、無重力で結婚式やスポーツなどの計画をしている顧客もいる。「ギネス・ブック」での宇宙記録に残るためにチャレンジしようと楽しむ乗客は少なくないらしい。従って、天文学、スポーツ、宗教、科学研究、「ギネス・ブックのチャレンジ」などのための専用チャーター便のサービスも人気になるかも知れない。

軌道の平面

物理学現象として回転しているジャイロの方向は遠い星と銀河に比べて固定されている。同じように、地球軌道に回っている宇宙旅客機などの軌道の方向は変わらない。軌道の平面が遠い星に対して相対的に固定して、それに比べて地球は回転する。地球は一日二四時間で回転するので、地上の各地は一日二回軌道の平面を通る。従って、スペースポートから離陸する宇宙船が、軌道上のホテルに行くために、スペースポートがホテルの軌道平面を通るのは一日二回になる。離陸の「ウインドウ」という宇宙旅客機が行きたい軌道平面に入るための可能な時間は、場合によって

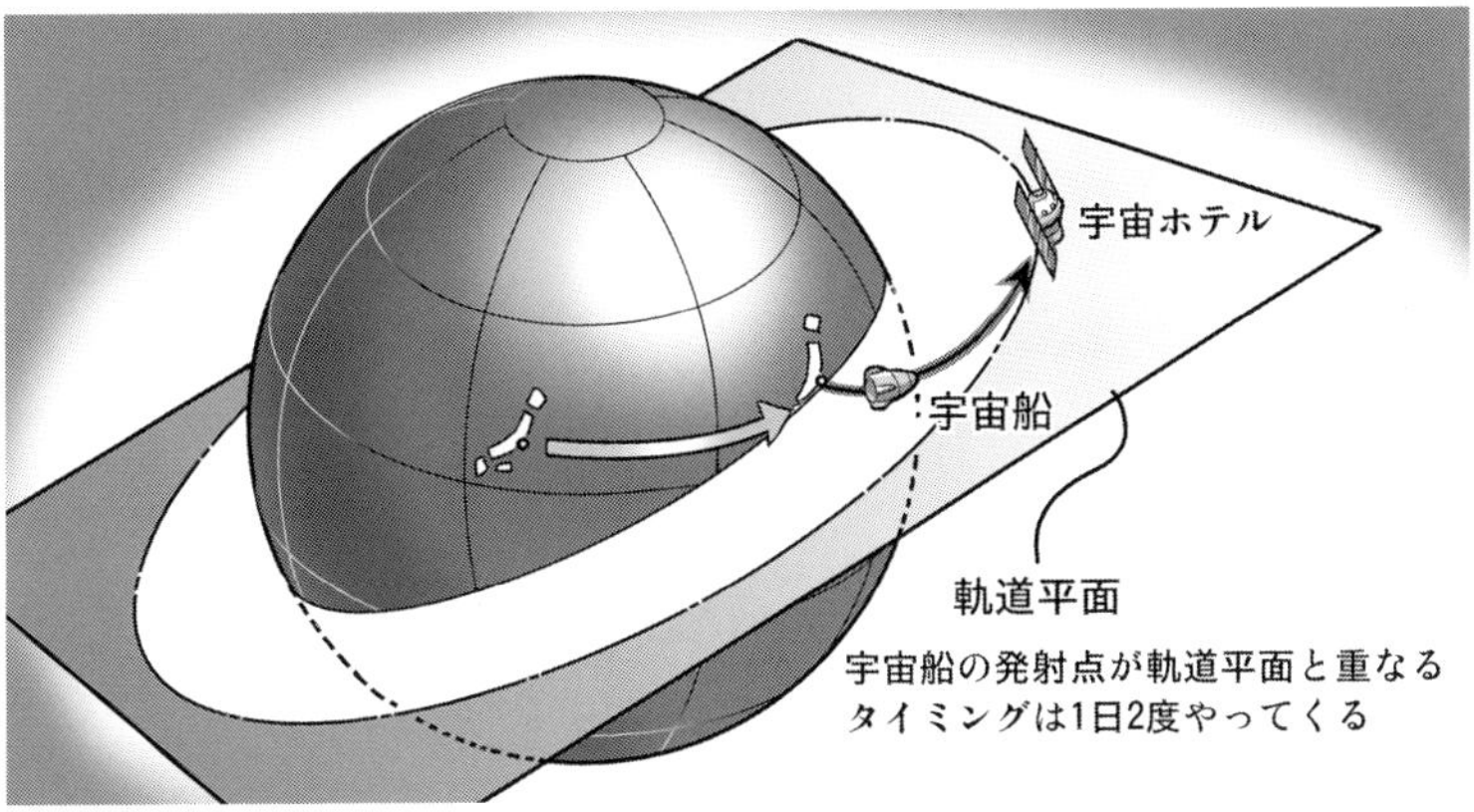

数分しかかからない。宇宙ホテルに行くために、ウインドウを守らなくてはならず、タイミングを正確に守る必要がある。

実際はもっと複雑で、軌道平面の方向は全く固定ではなくて、地球の形は完璧な球型ではないので毎日約六度で回転する。このズレのため、あるホテルまで行くための出発時間は毎日約二四分早くなる。出発時間は日に日に変わってくるので、軌道までのスペースポートは二四時間営業になり、約六〇日間で一サイクルとなる。詳しく言えば、スペースポートの緯度が軌道傾斜角に近ければ、離陸ウインドウは長く一時間になる場合もあるが、一日一回だけになる。

軌道内に移動するための「一〇対一ルール」

この本で説明していない宇宙旅行の技術の詳細はたくさんあるが、もう一つのわかりやすい宇宙旅行の常識になるアイデアはこの「一〇対一ルール」である。同じ軌道を飛んでいる輸送機は同じ速度で動くので、その間の距離は変わらない。従って、もしある旅客機が遠いホテルなどに近づきたい場合、同じ軌道平面の高度が低い軌道に移動すると、毎周回で追いつく距離は高度差の十倍前後になる。逆に後ろに行きたい場合は、同じ軌道平面の高い軌道に移動することで距離を縮められる。例として高度三百キ

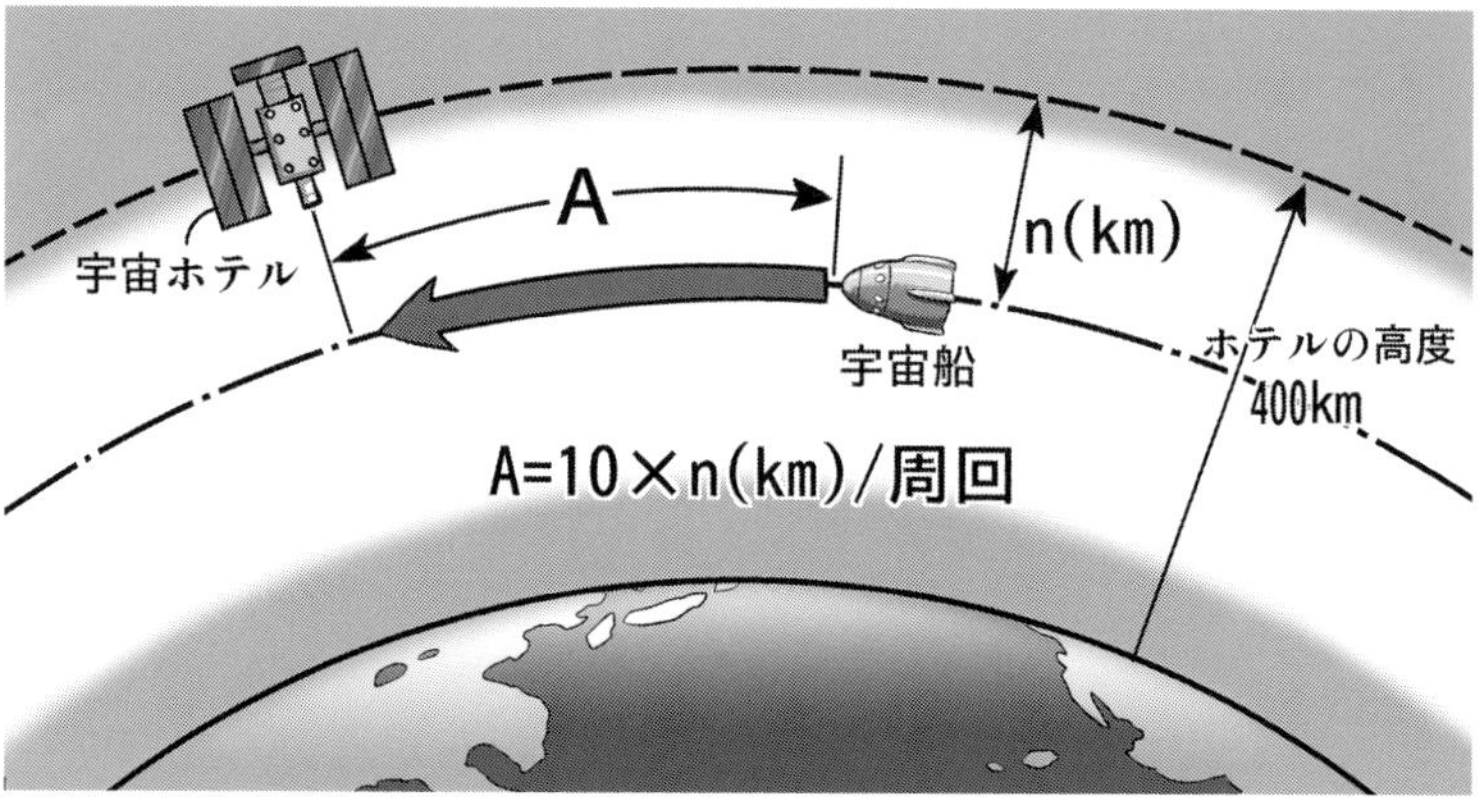

「10対1ルール」

ロメートルの軌道を飛んでいる旅客機は同じ軌道平面の高度四〇〇キロメートルの宇宙ホテルに比べて、毎周一〇×（四〇〇～三〇〇）キロメートル＝一〇〇〇キロメートル近づくことになる。

旅客機で宇宙ホテルなどに行くためにこのアイデアを使う。まず大事な条件は、旅客機をスペースポートがホテルの軌道平面に入っている時に打上げなければならないということと、ドッキングするためには軌道の中で同じ場所にいなければならないということである。例として、高度四〇〇キロメートルの軌道の長さは約三六〇〇〇キロメートルで、離陸する時ホテルがスペースポートから六〇度ズレていたら（全ての軌道は地球が中心で位置は角度で示される）旅客機から約六〇〇〇キロメートル離れているとわかる。もし旅客機が高度二五〇キロメートルを飛べば、即ちホテルより一五〇キロメートル低いので毎周一五〇〇キロメートル近づくことになる。ホテルに追いつくためには六〇〇〇キロ／一五〇〇キロで四周回で約六時間（一周約九〇分）はかかる。将来で、旅客機の宇宙ホテルまでのスケジュールを計画するためにこのアイデアは使われる。ただし、実際には、楕円形の軌道なども使うので、この計算より複雑になるが原理は同じである。

宇宙機のメンテナンス

宇宙旅行は航空産業の延長として展開するので、スペースプレーンなどの宇宙機は航空産業のシステムによって運航されるだろう。航空機のように安全性が高くするために、各宇宙機の各部品についてロッグブックは使われることになるに違いない。その中のデータ及びそのメーカの歴史中集まっている経験に基づいて、各部品の信頼性を理解する。

また、このシステムがうまく運用されるために、宇宙機の各部品の使い方、メンテナンス及び修理の規制とやり方についてのマニュアルはある。その上、その仕事ができるための資格をもっている方だけはやる。そうするために、試験を合格したら、たまに再テストもある。無論、試験の担当者はもっと高いレベルの資格をもっている。こういうやりかたは各産業の各専門分野の協会のメンバーの活動である。

今の問題は、宇宙産業がまだまだ小規模なので、こういったシステムはまだまだ充分できていない。成長するために、もちろん、一般の国民からの需要は無くてはならない条件である。しかし、大勢に人気のあるサービスを大量で売れば、宇宙旅行産業の規模が大きくなるにしたがって、このようなシステムは自動的に設立されるに違いない。このシステムは、航空産業の百年の経験に基づいて、改善されて立派になった。現在、飛行機の事故で亡くなる人数は非常に少なくなり、同じ原因の事故で繰返すリスクはほとんどゼロになった。宇宙旅客機も同じ考え方で設計し、運航するので、宇宙旅行産業の安全性は同じように高くなる。

宇宙輸送機の安全性

航空産業の基礎的なアイデアとして、製造、運用そして安全性の確保の三つの役割は別々に、三つの独立的な団体に担当されなければいけない。この三つの役割を全部担当する宇宙局には、たまに重い利害相反状態はあるので、事故は航空産業より遥かに多い。航空産業の長い経験から何も教えてもらっていないので、とてももったいない。米スペースシャトルのチャレンジャー号とコロンビア号の事故、国際宇宙ステーションの費用の十倍拡大、そして宇宙旅行の「失われた半世紀」は全部この問題の成果である。これは宇宙の現状は九〇年前の航空産業の無知の状態に似ている。

二〇一一年三月の福島原発の悲劇の原因は同じである。原発のメーカー、それを運用する電力会社、そしてその安全委員会は独立ではない。ある方がその三つの仕事を順番通りにしていたので、友達の村として働く。そういうやり方で規律が弱くなって、自分の決めた規制でも無視して、とても危ない。それに対照的に、航空産業がちゃんと実行しているシステムの方は優秀である。航空機の利用の費用を減らすために、長い寿命はなくてはならない要求である。基礎的な概念として、たくさんの部品の場合、エンジニアが寿命を長くしようとすれば、その部品を丈夫で重くする。それで寿命が長くなるので、航空機がある程度重くなるのに、その全部費用は安くなる。対照的に、使い捨てロケットはできるだけ軽く造られているので、必要な燃料は少ないが一回しか飛ばないため費用はとても高い。

パイロット

航空産業の考えで、パイロットが乗っている航空機の安全性は無人機より高い。そしてテストフライトを段階的に行えば、危なくない。何十年もの長い経験とデータに基づいて、オートパイロットなどの無人システムは開発されやすい。これと対照的に、ミサイルから開発された使い捨てロケットの安全性は基本的に低いので、それにパイロットが乗れば、危険性が高くなり危ないのである。

完全再使用型、有人ロケットは七〇年前にドイツに開発された。何百もロケット戦闘機を造って、成功させて、運航した。日本でもテストフライトまで実施したものを開発したことがある。従って、再使用型ロケットを開発するために、飛行機のやり方で進む方が安く、安全に成功させる確率が高いだろうと思われる。二〇〇四年に、二〇億円前後で、簡単に、安全に、テストフライトに成功した「スペースシップワン」はいい証拠であろう。一九四〇年代以後、コンピューターなどの技術の不思議な進歩のお陰で、宇宙旅行を簡単に実現できる。

健康上のリスク

ＦＡＡはサブオービタル飛行の乗客の健康のガイドラインをつくっているが、通常の飛行機の個人パイロットの免許のために使われる健康診断だけで充分であるとなっている。つまり、飛行機に乗れる人のほとんどはサブオービタル宇宙旅行もできることになる。軌道までの旅はちょっと違う。旅客機は３Ｇまでで加速するから、横になっている乗客にとってはそれほど大変な状態ではない。しかし、複数の問題の対策が必要がある。ＦＡＡの航空医学研究所（ＣＡＭＩ）の分析によれば、宇宙旅行の潜在的な健康リスクは、基本的に飛行機に乗るのと同様であるが、さらに三つの新しいリスクがあるという。

１．放射線

太陽と宇宙からの放射線は、大気圏の外では、地上より多い。ただし、放射線に対する安全性については、すでに世界中で使われているルールがある。サブオービタルの乗客が宇宙にいる時間は数分間でしかないから、受ける放射線の量は少なく、危険はない。たまに、太陽フレアにより放射線が大いに増えるが、太陽活動は予測ができるので、危ないときは運航を中止すればよい。

宇宙ホテルの乗客は、数日間宇宙に滞在するため、受ける放射線は比較的多い。しかし、数日間の放射線の量は地上に換算すると一年分程度で、健康に危ないほど多いわけではない。ホテルの乗務員は約二か月宇宙で働くことになり、受ける放射線はかなり多くなる。したがって、現在の病院でのレントゲン技師や原子力発電所の従業員のように、定期的に健康診断を受けることになる。今まで、長期滞在した宇宙飛行士が放射線による病気になった例はまったくないので、リスクは少ないと思われている。乗客の場合、特に注意が必要なのは妊婦さんである。産まれる前の赤ちゃんは放射線に弱い。したがって女性は、妊娠になる前か、産んだ後に宇宙旅行をすることになる。

2. 無重力で心臓と頭

無重力状態で暮らせば、使わない筋肉はだんだん弱くなる。ただ、数分のサブオービタル飛行では、このような影響は受けない。宇宙ホテルの乗客のほとんどの人は数日間しか泊まらないので悪影響はない。しかし、数か月間宇宙にいるホテルの従業員は、特別に筋肉を動かす運動が必要になる。長期的に無重力状態で暮らせば骨も弱くなるが、宇宙旅行産業にはそんなに長い時間宇宙にいる人はいないので、問題ではない。

他に二つの健康問題がある。無重力では体中の血液の流れが変わるため、心臓病のある人にはリスクがある可能性があり、前もって医師に相談する必要がある。地上に住んでいる時には血液が重力により頭から足まで引っぱられるため、心臓は上に血液を送る。しかし、無重力では血液が足の方に引っぱられないため、頭の血圧が高くなる。このため、宇宙へ行くと「顔がむくむ」とか「脚が細くなる」という〝Moon face〟and〝Bird legs〟という冗談が聞かれる。これらの問題以外は、ある頭の薬の効果が変わるかもしれないので、前もって医師のアドバイスを受ける必要がある。

誰でも宇宙旅客機に乗れれば問題ないとＦＡＡの責任者は考えている。

ただし、宇宙で無重力状態になると気持ち悪くなる人もいる。これは乗り物酔いなので、普通の酔い止めの薬が効果的である。したがって、宇宙旅行の乗客は、クルーズ船の乗客のように、前もって薬を飲むようにアドバイスされる。無重力環境には数日間で慣れ、だんだん薬も必要なくなる。また、健康リスク以外でも最近のＦＡＡのルールでは、宇宙旅行に特化した特別な厳しいルールはなく、スペースポートのセキュリティも通常の空港のセキュリティと同レベルで、特に厳しいものではない。

日本では、ＦＡＡと同様に、航空産業のルールは国土交通省・航空局が担当しているが、宇宙旅行の方針についてはまだ何も決めていない。ＦＡＡの代表は、ＦＡＡの宇宙旅行用ルールを航空ルールと同じように、国際協力としてほかの国でも使ってほしいと考えている。実際にサブオービタル宇宙飛行サービスが始まれば、宇宙旅行は航空産業のように安全で快適なサービスになることを国民が信用できるようになるだろう。その結果、体力のない人、定年を迎えた人、さらには高齢者でさえ宇宙に浮かびながら、自分たちの住んでいる地球を眼下に一望できる夢のような経験を楽しむことができるようになるのだ。

技術的に問題ない

宇宙旅行実現に向けての問題は、多くの人は「あのＮＡＳＡでさえもやっていないので技術的に難しい。あと何十年もかかる」と思われている人が多いのではないだろうか？この本で何度も説明しているように、正しい方法でやれば技術的には問題なく、本当の問題は「お金とやる気」なのである。

今まで数十年の宇宙開発のために、たくさんの宇宙用技術や部品やシステムなどは生まれた。ただし、宇宙局のやり方はこの能力を使って商用宇宙活動をほとんど開発しなかった。上記の説明によると、まず乗客のサブオービタルサービス、それから軌道までの往復と滞在サービスを実現するための技術は充分ある。実際、五〇年前には始まるはずだった。そして航空のように、テストフライトを充分繰り返せば、その安全性も充分高くすることができるのである。

もちろん、事業家と投資者にとって、一番大事な問題はこれである。「この宇宙旅行サービスを供給するシステムの開発費用及びその運航費用はいくらか?」費用が高すぎれば、乗客が充分増えないので、プロジェクトは損する。こういった革新的なプロジェクトの場合、いくら研究しても、リスクはゼロにならない。サブオービタル飛行サービスの開発へ政府からの補助はおかしくない。補助がないことの方がおかしい。OECDの政府は宇宙局に今まで二百兆円をあげた。失敗した原子力産業にも約二百兆円を上げた。この巨大な金額に比べて、若い人達の明るい将来への道を開拓するために、毎年百億円を拒否し続けることはどういう政策だろう? 子供と孫が嫌い政策ではないか? 毎年数千兆円のOECD経済の中で、この唯一のビジネス・チャンスに、何とか、百億円を投資してみなければ、長い不況からの回復はまだまだ見えないだろう。

5章

需要・人気

[実現への可能性]

年令、性別による宇宙旅行に行きたい人の割合

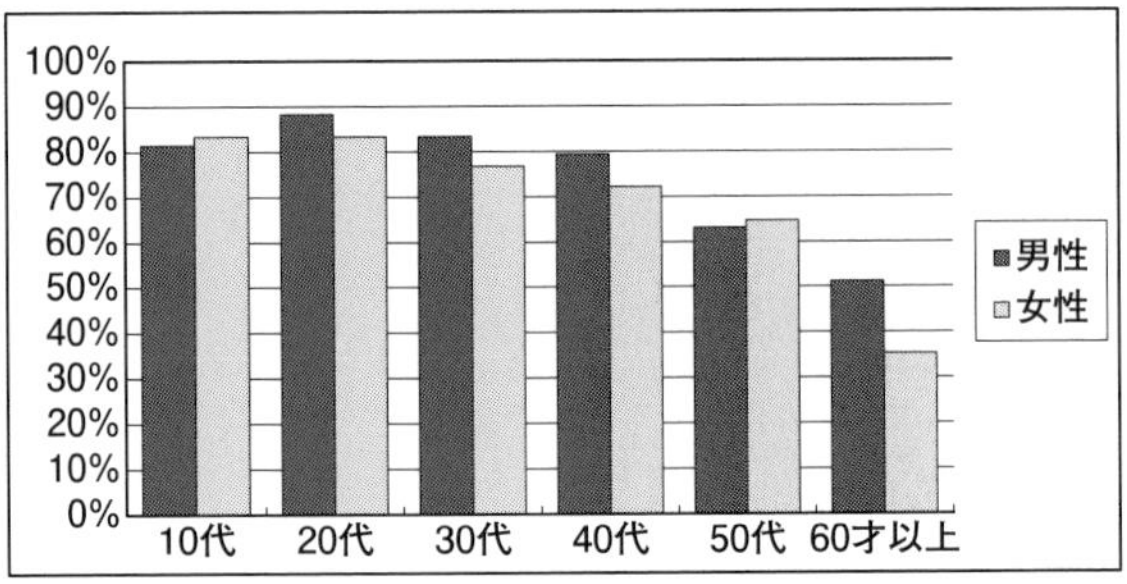

・60才以下の約80%の人が宇宙に行きたいと思っている。
・男性と女性とでの差は小さい。

図１：著者が 1993 年に日本に行った世界初めての宇宙旅行についての市場調査

宇宙旅行の需要はどれだけあるか

一九九三年、宇宙旅行サービスについて世界初の市場調査が日本でおこなわれた。一九九二年から一九九三年にかけて、著者は航空宇宙技術研究所（現ＪＡＸＡ）の科学技術庁フェローになった。そして、研究のためのわずかな予算を受け、パンフレットとアンケートを作成し、宇宙開発建設研究会（ＣＥＧＡＳ）や旅行会社の助けを借りて、最初の宇宙旅行に関する市場調査をおこなったのである。

アメリカ人は一九六九年に月面を歩いたのに、どうしてアメリカ人は、宇宙旅行がビジネスになり得るかどうか確認するための市場調査をおこなわなかったのだろう？　マーケティングと宇宙を舞台にしたＳＦ小説はアメリカの専門分野である。にもかかわらず、世界で最初の市場調査は、アメリカではなく日本で、イギリス人がおこなったのだ。これは、とても不思議なことである。とにかく、私たちは三千人以上から回答を得た。これはあくまでアンケートであり、完全に科学的なやり方ではなかったが、そんなに悪くはなかった。

「多くの人々が宇宙飛行を望んでいる」ことがわかったからである。老齢の方でさえも宇宙に行ってみたいと言っていることを除けば、この結果は驚くべきことではないだろう。これまで宇宙に行った四百人のほ

とんどが、その経験は彼らの「人生で最もおもしろい経験であった」などと言っているという事実からも、宇宙旅行がたいへんな人気になることは容易に理解できる。特にお金をたくさん持っている多くのセレブたちが、安くなる前でも「可能ならすぐにでも宇宙旅行に行ってみたい」と言っているのである。

「宇宙旅行に行きたくない」と言っている人は「現実的でない」「高額だから、行けるのはお金持ちだけだろう」「危険」などを理由に回答したので、もしも安全で低価格のサービス提供が可能になれば、より多くの人が宇宙旅行に行きたいと思うはずだ。

その後、ドイツ、カナダ、および米国で同様の市場調査がおこなわれた。その結果は、いたるところで類似パターンを示した。ただ、アメリカでは男性のほうが女性よりかなり関心が高かった。おそらくアメリカでは、初期の宇宙飛行士は軍人で、宇宙旅行には並外れた体力が必要だという男っぽいイメージがあったからだろう。

ほとんどの人は宇宙旅行に給料の三ケ月分を払ってもよいと言っており、莫大な潜在需要が考えられた。私は、その結果から「宇宙旅行は航空旅行と同じくらい大規模になる」と結論づけた。これは、一九九三年から二〇〇二年に活動したJRSメンバーによる宇宙旅行研究企画の活動開始の決定に大きく影響した。

地球上の旅行産業は、さまざまな理由で別の場所に行くことを目的として始まったものだ。宇宙旅行は、どこかほかの場所に行くのではなく、まさしく旅行自体の喜びのためにすることであり、実現を望むのはフィクションであると言われることがある。しかし、人々の宇宙旅行に対する思いをこのようにまとめるのは明らかに間違っているであろう。市場調査は先進国の中間層の大部分―特に若者達―が、宇宙を見て、無重力を体験するために宇宙に行きたいと考えていることを示している。

サービスが広く利用可能になるまで、どれくらいの人が本当に宇宙旅行をするかについては不確定な部分があり、さらに多くの市場調査が必要である。しかし、現時点で、市場調査で示された結果を否定する材料は何もない。

宇宙旅行産業はクルーズ産業にも似ている。クルーズは自身の娯楽であり、乗客は旅の終わりに出発した場所に戻る。そして、船によるクルーズは大人気で、とても大きな国際的なレジャー産業となった。宇宙旅行も同じようなレジャー産業になる可能性をもっており、軌道に行ける宇宙機が開発されれば、後述する軌道の宇宙ホテルに行くことができるようにもなるのである。以上より、宇宙旅行産業の実現を望む潜在的な人気、需要が高いことは間違いないとわかる。

Column

「商業宇宙活動」とは何?

近年、ある宇宙局によると、宇宙産業の売上高として衛星放送設備及び衛星放送TV番組も含めており、カーナビ設備とサービスのセールスも宇宙産業のセールスとして含めて発表している。この売上高のために宇宙局の支出が経済に貢献すると述べている。しかし、この計算は間違えである。なぜなら、一般の人たちが見るTV番組の時間やドライブの時間が増えるにしたがって、宇宙局が成功しているということになってしまう。これは完全な誤りである。率直に言うと、これはナンセンスで、電気メーカーA社のパソコンを使う保険会社BのセールスがA電気メーカーA社の売上高とするようなものだ! あるいはエアコンメーカーC社が、他の商品の売上も合算して、会社の売上高が「クーラのため」と言っているようなものである。このようなことは、電話会社や電力会社なども同じことが言えるのではないか?

ちなみに、TV放送衛星の数は多くないし、カーナビは米国の防衛庁の衛星を使っているのである。その上、このサービスは宇宙産業に依存していない。だから、正直に言うべきである。ある国の政府の宇宙用技術開発の投資の経済的価値を測るために、政府以外の顧客が買う衛星とロケットとその部品の売上高は、残念ながら、毎年数千億円程度である。これだけのために、今まで二〇〇兆円もの投資がなされてきた。もしこれが商業的な投資であったら、毎年一〇〇兆円の売上高を生み出すはずである。従って、今まで政府の宇宙活動の支出は雇用と経済の成長にあまり貢献しているとは言えない。

読者の中には、「これでは、努力している宇宙産業関係者には厳しすぎる」と思う人がいるかもしれない。確かに、宇宙産業のエンジニア、科学者、研究者は、誠実で良い仕事をするために努力をしているが、宇宙局の支出は雇用と経済の成長にできるだけ貢献するために設計されているわけではない。本来であれば、宇宙局は「一般人は何にお金をつかいたいか?」を調べるはずであるが、調べることをしない。私と同僚は以前、これを調べて、一般人の買いたいサービスは宇宙旅行であることを確認している。

この本で説明している通り、これは、国民の希望であり、経済を活性化する重要な大きな内需になることが予測できるが、宇宙局はこのサービスを実現させる必要はない、興味もないと、ずっと前から決めていた。であるなら、今の宇宙産業の活動は、経済的価値が少ないことを正しく示すべきである。市場調査によると、宇宙旅行サービスは潜在的に最も大きな市場であるので、政府は、多くの国民が欲している宇宙産業サービスを販売する企業を支持するべきである。

飛行機メーカは、毎年二五億人以上の乗客が乗る飛行機を製造する。確かに航空会社の売上高は飛行機メーカーの経済的な便益を理解するために役に立っている情報である。この便益のために、政府は飛行機メーカーにかなりの補助金を出資している。しかし、飛行機メーカーは違う飛行機メーカーの飛行機を使う航空会社の売上高も、ホテル会社の売上高も、自社の売上高とは言わない。宇宙局は宇宙産業の業績を良く見せるために、関連売上高は含めないように、航空会社と同じようにすべきである。

宇宙旅行は国民が買いたいサービス

宇宙旅行サービスは、民間企業の投資によって新しい市場を広げ、需要を生み出す。新しいビジネスとして航空宇宙産業をリードし、経済成長に貢献する。このような新しいサービスは、毎年税金を使って続けても、新しい商業雇用を生み出さない現在の政府の宇宙活動よりも、優先的に実施すべきものであり、政府の政策としてふさわしいものである。

宇宙技術の新しい市場は、一般の消費がいちばん大きい部分を占めているのだから、それをターゲットにして宇宙旅行サービスを提供することは合理的でありかつ自然なことである。最初のステップは一九五〇年でも始めることができたサブオービタル宇宙旅行が簡単で適している。現在、海外では、複数の企業が、最初の民間サービスを数年以内に始めようとしている。

サブオービタルサービスがどこまで人気になるかは、サービスの品質と価格に依存する。ほかのビジネスと同じように、サービスの規模が大きくなるに従って価格は下がる。最初のサービスの値段は十万〜二十万ドル（千〜二千万円）。しかし、スペースシップワンの設計者であるバート・ルータン氏によると、この値段は将来的には二万ドル（二〇〇万円）になるという。さらに、二〇一〇年の初めごろに彼は、長期的に考えると千ドル（十万円）以下でも可能だと述べた。

もう一人のスペースプレーン設計者で、最も長く宇宙旅行を提唱しているデービッド・アッシュホード氏は昔から、チケット代は最終的には三千ポンド（現在約四十万円）になると言っており、最近の彼の論文では二十人乗りのスペースプレーンを使えば二千ポンド（約三十万円）でも可能だと述べている。

これらの航空宇宙産業のエンジニアたちは、サブオービタル飛行用スペースプレーンによるコスト削減の可能性を一番よく理解している人たちである。そして、この意見についての批判、反論はどこからも出版されていない。

これらのサービスが数十万円に下がったとき、現在、先進国の国民の誰もが飛行機で飛べるように、誰もが宇宙に行くことができるようになる。これは、日本だけでも毎年百万人が宇宙に行き、年間数千億円の市場に成長することを意味する。今からすぐに開始すれば、ガガーリンの初宇宙旅行の六〇周年である二〇二一年までの八年以内に安く実現できるだろう。

コスト・ビジネス成立性

将来の宇宙旅行産業のビジネスモデルは、航空旅行と同じようになると考えられる。最初は政府からさまざまな支援を受けるが、結局は民間活動になる。そうなると、主要コストはスペースラインの運航会社による推進剤、スペースプレーンの融資、乗務員、メンテナンス、スペースポート使用料、マーケティング、保険など、さまざまである。

これらの費用をまかなって利益を出し、会社を経営するためには多くの乗客が必要になる。もちろん、旅行会社は魅力的なサービス、貯蓄プラン、サークル活動、地方観光団体とのコラボレーション、クラブ向けのチャーター便などを用意するだろう。

若年層（学生など）、子どものいる世帯、高齢者、さらには天文学、芸術、音楽、宗教、スポーツといったさまざまな趣味をもつ人など、さまざまな人に向けた異なったサービスを簡単にイメージすることができる。

企業にとって最も難しい問題は、このプロジェクトが革新的であることだ。革新とは前例のないことをおこなうことである。どの分野でも同じだが、革新的な活動は、先に正確に予測できないというリスクを抱えているため、投資家は基本的に嫌うのである。航空業界でさえ、航空機の技術開発への投資はリスクを伴うとみられ、百パーセントの民間投資プロジェクトはほとんどないのである。プロジェクトの開始に先だって、政府からの支援を得ることができれば、投資のリスクを減らすことができる。

スペースプレーンのプロジェクトは航空機プロジェクトよりも革新的であり、最初から民間投資が消極的なのは当然である。しかし、政府による補助など別の方法もある。「産業政策」は、新産業を奨励する政府の活動であり、交付金、ローン、ローンの保証、サービス購買契約、共同業務、スタッフの参加、減税などの違う補助も可能である（例として、宇宙で得られた利益を非課税にする「無重力、無税」いわゆる「ゼロジー・ゼロタックス」というおもしろい政策が米バージニア州にはある）。またスペースポートを計画している国と地方自治体の最近の増加は、この新産業をリードするための「スペース・レース」（宇宙競走）があることを示している。初期における危険を共有して、減少させることによって、政府が産業を最適に助ける国がより成功することになるだろう。

経済的利益の可能性

宇宙活動の商業化のための乗客宇宙旅行のすばらしい可能性は、いくつかの興味深いレポートにより、すでに世界中で示されている。

①一九九五年、アメリカ航空宇宙局（NASA）と民間団体のアメリカ宇宙輸送協会（STA）は、共同研究プログラム「General Public Space Travel and Tourism」の実行に同意した。このプログラムは契約行為ではなく、お金のやり取りはなかった、すなわちNASAはこの仕事のためにSTAにお金を支払っていない。しかし、主要なワークショップが開かれ、一九九八年に、最終報告書が記者会見で発表された。www.uchuryokougaku.com

これはとても前向きな結果で、「今後十年間の早い段階で実現される宇宙旅行は、現在の技術では一人あたりの旅行経費が数十万ドルかかるところを、次世代技術が実現されると数万ドルまでコストダウンし、定期航空便のような運用形態となり、巨大な市場が生まれる。ビジネスの採算性に関して言えば、チケット料金が五万ドルを充分下回れば、年間五十万人程度の宇宙旅行客がみこまれる」と言っている。

このレポートで使用された参考文献の多くは、アッシュホード氏、日本ロケット協会（ＪＲＳ）、そして著者の仕事だった。残念ながらＮＡＳＡはこの重要な結論に対して何の行動も起こしていないが、これはわれわれの仕事の貴重な証拠となるものである。

②また、一九九八年にアメリカ航空宇宙工学協会（ＡＩＡＡ）がおこなった宇宙での国際協力についてのワークショップのレポートは「すばらしい可能性の観点から、一般の方々の宇宙旅行サービスは商業宇宙活動の次の大きな新産業になるはずである」と結論づけている。宇宙産業の商業活動の推進が真剣さを欠いていた時代において、これは優れた助言だったはずである。期待できる新しい産業に対してＡＩＡＡが何もしていないことは、航空宇宙産業にとって悲劇であった。

③日本でも、一九九八年につくられた経団連の「スペース・イン・ジャパン」というパンフレットでは「宇宙旅行は、宇宙活動の商業化に対する強い動機づけになることが期待されています」と書かれている。そのレポートの中で、「商業化」という言葉はここにしか使われていない。すなわち、ほかの宇宙活動は期待されていないことを意味する。これは経済の観点から大切な事実であり、経済成長に貢献する宇宙活動は宇宙旅行しかないと考えられる。

これらのレポートは、いずれも助成金を受けられなかったので、「確実なことである」とは言えない。しかしながら、反対の結論に達するレポートがまったく発表されていないことも事実である。これらの研究レポートがもしも間違っているのであれば、年間二兆円の莫大な予算を使っている宇宙機関が、宇宙旅行の非現実性についての研究をすでにおこなっているはずである。

それとは反対に、これらの考えは徐々にますます広く受け入れられるようになり、そして、今後、宇宙旅行にかかる費用はどんどん安くなることが広く予期されており、賛同者が増えているのも事実である。

宇宙旅行を早く実現するために

宇宙旅行は、一般的に考えられている「宇宙機開発や安全性などの技術的な問題のため、将来的にも実現できないもの」ではなく、現在の技術レベルでも実現可能なものである。宇宙旅行の実現性の観点で重要なのは人気や需要だが、ほとんどの人が「宇宙に行ってみたい」と考えているのだから、潜在的な需要は充分ある。そして、宇宙技術についても、ロケット推進、人工環境制御、材料の技術などは現在の技術レベルで問題なく対応でき、安全性についても、航空業界の方法と同様の開発をすることで、クリアできるはずだ。また、ビジネスの観点では、宇宙旅行が充分人気になれば、ビジネスとしての成立性は高く、経済的に価値の高いものになる。

しかし、これは、あくまで計画にすぎず、実現するために本当に大事なのは「実行する」ことである。そのために一番必要なのは「技術開発」ではなく「投資」であり、予算を受ければ現実に実行することができる。そのために、政府の航空宇宙政策の方向転換は重要であり、民間による投資でも可能であるが、政府の支援が少しでもあれば、もっと早く実現できるだろう。

6章

宇宙旅行が作り出す未来と経済効果

[宇宙ホテル・そして月面へ]

宇宙ホテルの世界

宇宙ホテルは遠い将来にしかできないと思われているが、最初の宇宙ステーションは四〇年前に軌道に乗った。一九九八年にNASA／STAレポートの結論は次のようなもので、期待がもてる内容になっている。「地球を周回する軌道宇宙旅行、および地球の低軌道の宇宙ホテルでの一週間の滞在を今、確かに可能であるとみなすことができる」。宇宙観光旅行の経済的影響が非常に大きくなるかもしれないという証拠である。これは、市場調査により、軌道での滞在時間がほんの数時間とか一日だけではなく、ほとんどの人々が数日間か一週間以上を過ごしたがっていることからもわかる。宇宙観光旅行の実現は、経済的な宇宙への輸送手段に加えて、軌道での宿泊設備（すなわち宇宙ホテル）の建設と運営を促進することになるだろう。

地球を周回する宇宙ホテルは未来のものと思われるが、技術的な観点でみると、建設がさほど難しくないことは歴史的にもすでに証明されている。最初の宇宙ステーションは、一九七〇年代初期にソ連とアメリカによって建設され、運用された。また、関係する技術も輸送機よりはるかに簡単で、ホテルの部品は一回打ち上げるだけで始めることができる（輸送機は複数回の打ち上げと再突入に耐えなければならない）。

一九五〇年代に、ヒルトン社のバロン・ヒルトン氏は「最初の宇宙旅行ホテルは絶対にヒルトンだ」と語った。しかし近年、ビゲロー・エアロスペース社の創立者ロバート・ビゲロー氏は、先に最初の宇宙ホテルを実現しようとしている。二〇一三年に同社のモジュールを国際宇宙ステーションにとりつける契約をかわした。その技術は高い信頼性を得ており、近い将来、宇宙ホテルブームは始まるかもしれない。

なお、軌道宇宙ホテルは〝一つの形〟だけではなく、その発展にはいくつかのフェーズが考えられる。

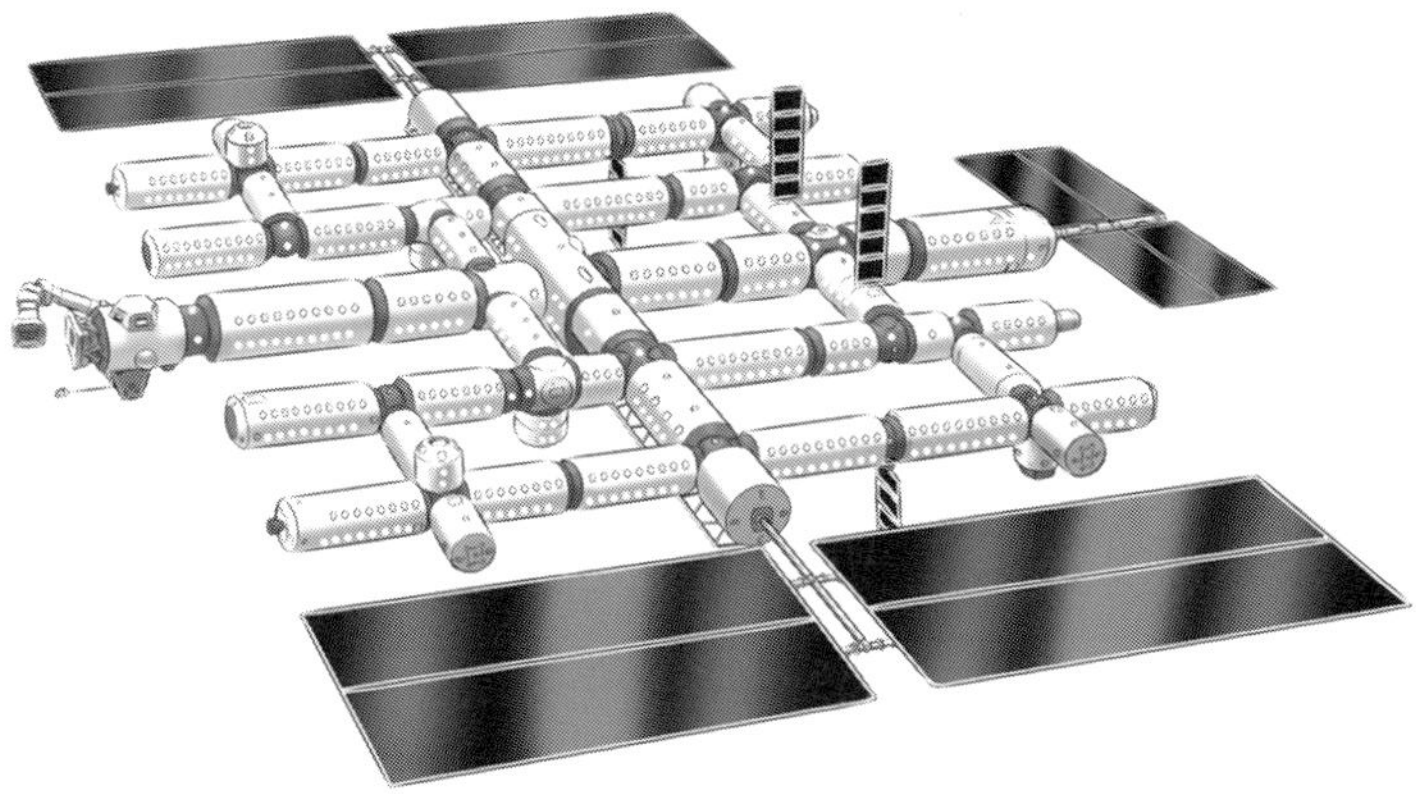

フェーズ 1
最初の宇宙ホテルは地球の工場で製造され、軌道上でプレハブモジュールを接続し、建設されるだろう。モジュールは筒状のユニットでつくられ、拡張して、しだいに大きくすることができる。

フェーズ1　プレハブ・モジュール

最初の宇宙ホテルは地球の工場で製造され、軌道上でモジュールを接続し、建設されるだろう。モジュールは筒状のユニットでつくられ、拡張して、しだいに大きくすることができる。

宇宙ホテルには必要のないスーパーコンピュータ、正確な望遠鏡、指向システム、科学機器などの先端技術がないぶん、現在の政府の国際宇宙ステーションより簡単なものである。宇宙ホテルの建設は、航空旅客機よりもさらに簡単である。モジュールは航空機の胴体のようなもので、翼、車輪、尾翼はないが、より複雑な環境制御装置（ＥＣＬＳＳ）や、軌道維持のためのロケット推進、および電力供給のためのソーラー・パネルを含んでいる。ビゲロー・エアロスペース社は、最初の宇宙ホテル開発のために、一つの実験モジュールをすでに打ち上げている。全部地面の工場でプレハブするから、軌道上ドッキングでお互いにつなぐだけなので、難しくない。数十モジュールまで成長するかも知れない。

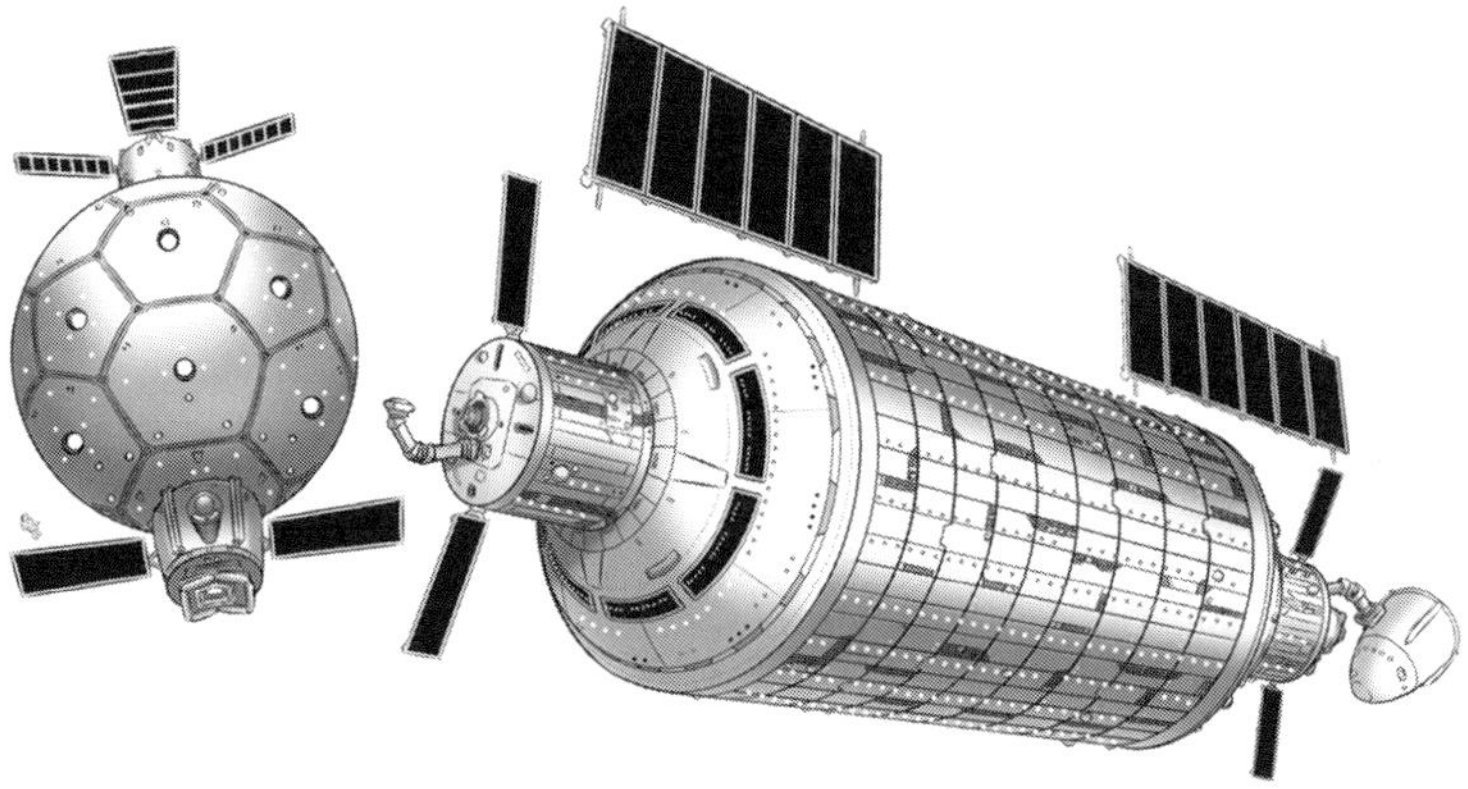

フェーズ２
大きなホテルは部品を造り、軌道上で組み立てる

フェーズ２　軌道上で組み立てる大型ホテル

軌道上の大型ホテルには、無重力環境でさまざまな楽しい経験のできるスポーツセンター、劇場、庭園までもサービスとして用意される。これらのホテルは打ち上げるには大きすぎるため、軌道上で建設会社の社員およびロボットによって組み立てられる。今日、国際宇宙ステーションの仕事は非常に高価であり、ステーション外部での作業は、どんなミスも起こさないようにシミュレーションや訓練がおこなわれるため、ますます高額になっている。しかし、宇宙輸送費がいったん急激に下落すると、企業と人々は宇宙で働く経験を積み重ねることで、軌道上での工事ははるかに安くなるだろう。

幸い、無重力環境下では、ホテルのような巨大な構造物でさえ、軌道上では地球上の類似の構造物よりずっと軽い。そして、入っている空気の圧力に耐えられるだけの強度があればよく、地球の重力に対応する必要はない。無重力なので地上で数万トンの建物の質量は、軌道上では数百トンになる。地上のホテルとの違いは、宇宙ホテルは既存のホテルを部分的に拡張できることであり、新しくておもしろい部分をホテルに追加できることだ。もちろん、姿勢の制御、軌道保守、重心制御なども必要である。

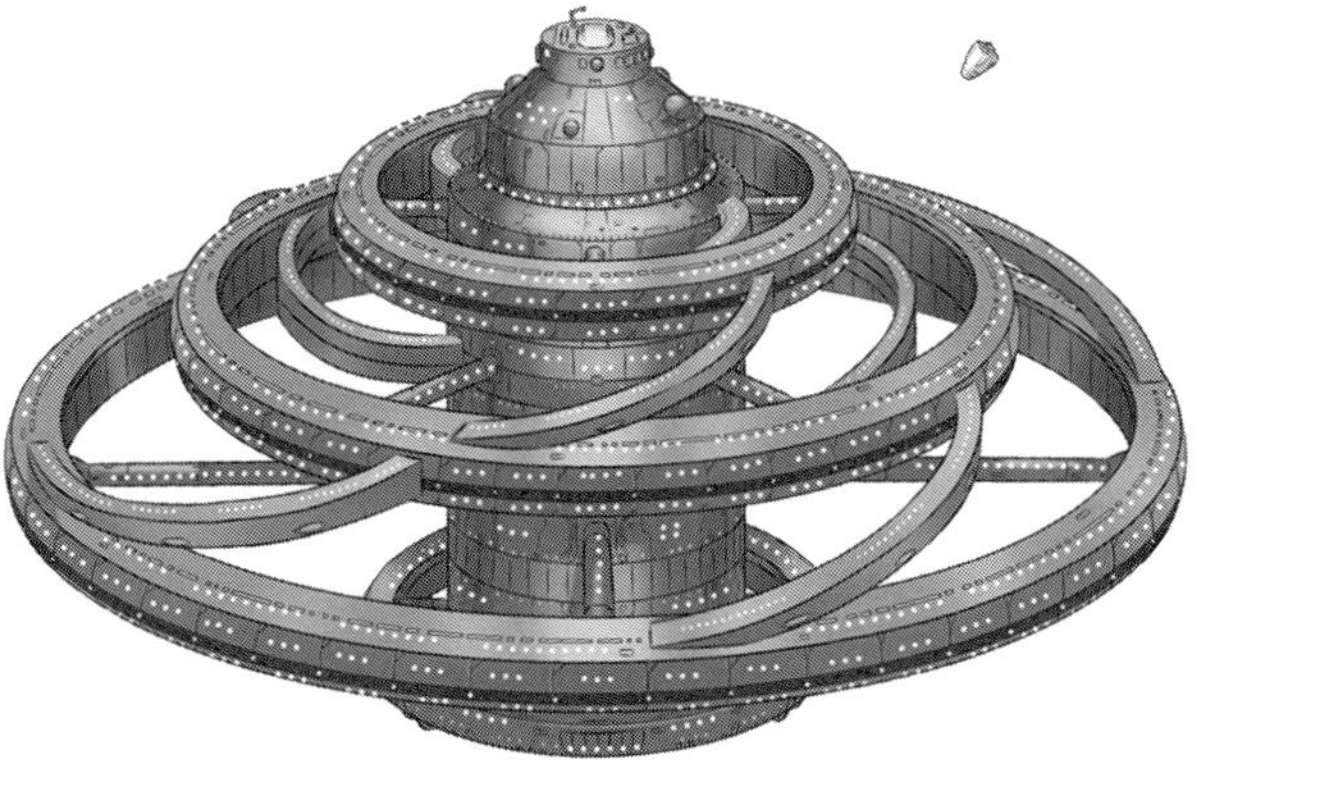

フェーズ3
大型の筒状の構造物をつくって軸で回転させたら、その中にいる人は「人工重力」を経験することになる

フェーズ3　人工重力を提供する回転構造

大型の筒状の構造物をつくって軸で回転させたら、その中心からはなれる人は「人工重力」を経験することになって、壁の内側を歩くことができる。このアイデアは何十年も前にリング状の宇宙ステーションとして提案されたものだが、まだ実現されていない。

回転部分を含むホテルは、客に広範囲のおもしろい経験を提供することができる。人工重力は無重力で浮かぶより動きやすく、動作が簡単になる。例えば、テーブルに何か置いても、浮かぶことなく、そこにとどまる。また自分のポケットの外に物が出て浮かぶこともない。ほかにもシャンパンや清涼飲料のような炭酸飲料を楽に飲むことができるという利点もある。

したがって、人工重力の部屋の方が気に入る乗客もいるだろう。回転軸からの距離が異なる部屋で、異なるレベルの重力を経験することもできる。通常の生活には地球の十パーセントの重力で充分だが、地球の六分の一の重力にすれば月面上の生活を模倣できる。ほかの部屋では火星の重力や小惑星の千分の一Gを疑似体験することも可能だ。

フェーズ４
大規模な物体でも無重力環境下では簡単に動かせるので、地球上では製造不可能な巨大機体を造ることができる。

フェーズ４　巨大構造物

例えば、数千枚の同様の曲がったパネルを接続して、軌道上に直径何百メートルもの巨大な円筒状のモジュールをつくることもできる。このアイデアで一番有名な提案は、アメリカ人のオニール博士の提案していたスペース・コロニーで直径一キロ以上の巨大構造物で、人気のあるアニメの「機動戦士ガンダム」でも登場して、人間の将来に大きい役割をするという将来のビジョン。

このような大きな内部容積をもったモジュールを利用する活動としては、スポーツが有望である。地上におけるスポーツは、先進国ではひとつの主要産業で、急激に成長している。「ゼロG」環境下でおこなうすべての既存のスポーツは、地上とは異なる感覚が魅力になる。新しいスポーツも発明されるだろう。また、ゆっくりと回転するスタジアムでは、ボールを投げるとらせん状に飛んでいくので、とても面白い経験になるはずだ。すでに「ゼロG」のサッカーなどの未来については研究論文が発行されている。

宇宙での暮らし方

無重力で暮らすと、重力のある地上と違うことは多い。床と壁と天井が同じで、手から離されたものが落ちなくて、液体が容器から浮かぶなどの現象もある。この新しい世界に暮らすために、次の新しい能力が必要である。

1　無重力で動くこと：初心者のイロハ

無重力の新しい環境で安全に動けるように、初心者にとって以下の三つのルールがある。

イ）　ゆっくり！

気をつけないと他の人にぶつかってしまうので気をつける必要がある。最初に、常にゆっくり動くことが大切である。そうすると、ぶつかったとしても怪我をしないし、痛くもない。

ロ）　おへそ

ある方向に行くために、壁か家具か他の人に対して押す必要がある。しかし、気をつけないと、自体が回転して、転倒して困る。うまくするために体の重心はへそのそばであることを覚えることが大事で、何かに対して押す時、その力の方向がおへそを通過すれば、行きたい方向に直線で動くことができる。もし押す力の方向がおへそを通過しないと、体は回転してしまう。体の重心はおへそだ！

ハ）　どこへ？

無重力状態でニュートン博士が説明したように、体は何かにぶつかるまでは直線的に動く。したがって、いつも動く前に、必ず、「今自分がどの方向に動いているか？」を確認しておく必要がある。

上記のイロハのルールを知ってよく訓練すれば、無重力でうまく動くことができる。

2　無重力での方向転換

無重力に浮かびながら、何かに対して押さないと違う方向に行くことはできない。しかし、何かに押さなくても、体の方向を変えることはできる。どうやってするか？猫をまねればいいのである。落ちる時逆さまでも猫は必ず足に着地する。

まずは腕を胸の前に近づける。足はそのまま前に伸ばす。そして、ウエストで回転する。それから、逆の動きで、手を伸ばして、足を引っ張って、ウエストを逆に回転させる。なぜならば、スケート選手のスピンでわかるように、手を伸ばした時よりも縮めたほうが、回転が速くなる。（回転角度が大きくなる。）従って、腕と足を伸ばした時の回転角度が上半身と下半身で違うようになるので、その差により、方向変えることができる。無重力に住んで、慣れれば、この動きも何も考えずに簡単にできるようになる。

地上で、トランポリンや体育と水泳ダイビングの選手は違う方向に速く回転することが非常にうまくなる。しかし、約二秒の間にやらなければならないので、スローモーションで見ないとどうやっているのかわかりにくい。しかし、宇宙では、ゆっくりやればいいので、やりやすいだろう。無重力の環境で壁を蹴って、押せば、正確に前転や側転ができ、反対側の壁にきちんと着地することもできる。この動きをダンスのようにやれば、面白くてとても人気になるのではないか？

もちろん、ホテル従業員は無重力で自由に動ける必要がある。物や乗客にぶつかることのないようにしなければならない。また、回転して困っている人を助けることができなくてはならない。おそらく、体育、ダイビングとトランポリンの選手は無重力での優秀なホテル従業員か無重力体操選手になるかもしれない。

無重力《0G》で上手に動くコツをもう覚えましたでしょうか？
もう一度おさらいしてみましょう 要点は三つ
一つ目はゆっくり動くこと。

次におへそ。
体の重心はおへその近くにあります
何かで体を押す時力の方向がおへそを通過しないと体が回転してしまいます
三つ目は「どこへ？」動いている方向を常に意識すること。物体は必ず直線運動しています
自分が動いている事に気付きにくいので、知らないうちに何かにぶつかるかもしれません
ハーイ先生 一、ゆっくり 二、おへそ 三、どこへだね！
そう！よくできました！
今日は体の向きを変えるレッスンをしましょう
私をよく見て真似てみてください

無重力での方向転換

www.supekonmode.com

まずホテル内の諸注意について…
これ見てみマジックテープ付き靴下や
これであのおっちゃん驚かしたる！
ペタ
ペタ
そ〜〜っ
つい
うわ!!?

マジックテープつきくつしたおよびキックターン

くるっ
ボク無重力は好きですか?
ううん…気に入ったわ!
なら無重力体育コンテストに出てみてください!
優勝者には賞金が出ますよ
ホンマに?やってみたい!
スタッ
オー
オー
それでは、
わッ!?
イッ
ぐるっ
皆様をお部屋にご案内します!
スタッ
オー
オー
パチパチ
パチパチ
パチ
上手いなーボクも出来るようになりたい!
練習すれば上手くなるよ!

3　マジックテープ付きくつしたおよびキックターン

宇宙ホテルは魅力的なので、研究のために最高のテーマであろう。人類の新しい環境の出発点になるから、たくさんの新しいアイデアと考え方はそこで生まれる。一つの簡単で楽しいアイデアは、無重力生活で浮かばないように服にマジックテープを使うだろう。たとえば靴下の裏にマジックテープを付ければ、絨毯の上をうまく歩くことができ、窓やドアなどのそばに絨毯を置けば便利だろう。また、ズボンのお尻の部分につければ椅子にうまく座れるようになるだろう。宇宙ホテルの中で、壁を両足でキックすれば、反対側の壁に頭をぶつけてしまうおそれがある。しかし壁から「キックオフ」する時、各足のけるパワーをわざとかえれば、体の方向は空中で回転することができる。うまく判断すれば、反対側に両足でちゃんと着地できる。もちろん、つよくければ、両足のパワーの違いを大きくしないと充分な回転は得られない。逆に、ゆっくりければ、両足のパワーの差を小さくしないと、速く回転しすぎる。無重力で過ごし、訓練をつづければ、選手や「スペコン」のように上手になれるだろう。そういう新しいアイデアの可能性はたくさんあるから、宇宙ホテルはインテリア・デザイナーにとって天国のような面白い仕事場だろう。

無重力の水あそび

第1フェーズのホテルでも不思議な無重力の世界であそべるユニークなあそびがある。

①水のふうせん
②水の回転しているドーナツ

わぁあい!!
一っち番ぁあん!
それ!見てろ!
ジュ
ズルルルル
無重力で水が丸まって大きくなる!
そこに空気を入れてやると…
WATER
AIR
カチ!
ゴボッ
プク
ほうら水の風船だ!
すげ——!!

無重力の水風船

ばばっ
さぁ
こん中に入るで！
うわーーーい!!
ボクも入る！
これで水をかけて早く！
ぬぷん
わぁ
オモシローー！
よーし僕も入るぞ！
えーい！
あ!?

パァアアンンン
あ…ああっ
ごめん…
あっはははははははっ
超面白かったーっっ
もう一回やろ!
今度は3人で入るで!
ううんっ
プ
プ
プ

水の回転しているドーナツ

無重力スポーツ

言うまでもなくスポーツは既に主要な産業である。特に余暇の多い先進国の人へのビジネスである。無重力で暮らすことは地上の環境と違うので全てのスポーツは変わってくるのでおもしろい。宇宙ホテルがお客さんにもっと良いサービスを供給するためにスポーツ専用の大きな施設も用意する必要がある。このスポーツセンターは簡単に行けるようにするために赤道上軌道に造られる。ここで、違うスポーツイベントはどんどん増え、最初は、小さな空間でできる、バドミントン、卓球、レスリング、体操などであり、大きなスタジアムを造ることにより、テニス、野球、ゴルフ、水泳、サッカー、フットボールなどもできるようになる。この上、無重力の特徴を利用した新しいスポーツも考えられる。例えば、「人間ビリヤード」チームのメンバーが壁から蹴ってお互いにビリヤードのようにぶつかっていくスポーツや、軌道上スタジアムができたら、「無重力オリンピック」も開催されるだろう。これらのスポーツは地上向けのテレビ番組として人気になるのではないか?

もう一つのおもしろい可能性は、無重力のスタジアムを回転させれば「人工重力」というおもしろい現象がおきる。こういう場合、この人工重力のためにスタジアムの内側を歩くことができるようになる。また、回転しているので、ボールを投げたり、壁を蹴って移動しようとすると、らせん状のおもしろい動きになる。このような商業用スポーツ施設を造るために、メーカーは様々な新しい技術開発を行い、多くの新しい専門知識を身につけていく（下記の「将来の宇宙技術」に参照）。これは地上のスタジアム建設と同じである。毎年新しいスタジアムができるたびに、それらは大きく、新しい性能をもつ。建設会社はそれらに応じて新しい能力を発揮する。設計するエンジニア達にも楽しい挑戦である。また、スケート場のように、一般の人達が参加することができるスポーツセンターも大きいビジネスになり、無重力のスポーツの展開は経済成長に大いに貢献するだろう。

無重力でのサッカーとフットボール　　　　　　　　イラスト：キシコ

無重力のスタジウムでは、世界一番人気のあるスポーツのサッカーとフットボールは、地上ではできない方法で行うことができる。例えば、スタジウムの壁を走ることもできるし、ジャンプすれば空中でもボールを取るためのタックルなどもあるだろう。相手とのタックル時に生じた衝撃を使った動きも出来る。

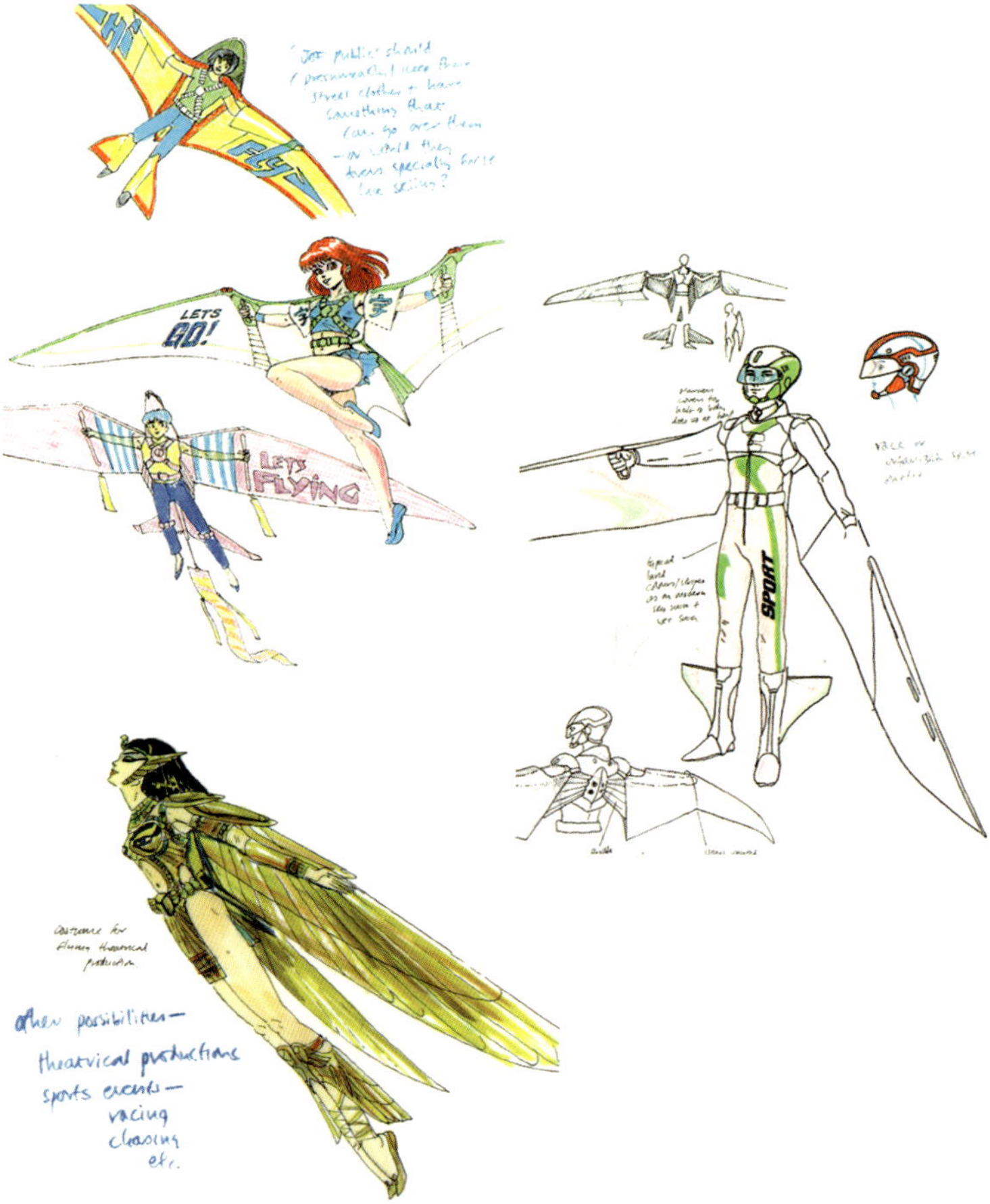

鳥のように飛ぶスポーツ　　　　　　　　　**イラスト：スティーヴ・カイト**

無重力状態で軽い翼を使えば、鳥のように飛べる！

こういうスポーツや遊びはすごく人気になるではないか？ダッシュ、長距離、スラローム、ダンス、「シンクロナイズド・フライング」等のコンテストが行われ、いつしか「フライング・オリンピック」にまで発展するのではないか。

イラスト：デーブ・ハーディ
大きいホテルには、回転しているプールを造る。そこで回転している水が遠心力で円筒形になるので、乗客はその内側で泳ぎながら、水面からジャンプをして、空中に遊ぶ。これで魅力的なスポーツと遊び方が可能になる。

赤道上の軌道の魅力

赤道上軌道は地球と宇宙を往復するのに最も便利な位置に有る。赤道上軌道に乗った輸送機は常に同じ赤道上にあり、約九〇分ごとにスペースポート上に戻る。もちろん赤道上軌道から見る地球の眺めはいつも同じ、赤道から南北何百キロしか見えない。宇宙旅行をする乗客の多くは広い範囲の地球の景色を眺めたいと思っているだろうが、スポーツのために宇宙に行く選手やファンや著者などの乗客にとっては、景色があまり見られないことは問題ではない。この人たちにとって、地球と軌道まで九〇分ごとに往復できることは、景色を眺められないことより重要で大切である。対照的に、日本のような位置にある国から宇宙ホテルまで行く人は、同じ場所に帰るために約二日間かかる。

したがって、宇宙のスポーツや病院などの専用施設の多くは、赤道上の低軌道に置かれると思われる。赤道の国にあるスペースポートは赤道上軌道にあるスポーツセンターなどの特化した施設への旅行ビジネスに集中するかもしれない。現在世界中、レジャーを楽しむ人たちの間で、スポーツはとても人気になった。同じように、無重力スポーツも大規模の新しいビジネスになる可能性がある。赤道の国のスペースポートの近くには、いろいろな宇宙スポーツの訓練センターや専用ホテルなどが、オリンピック村のようにつくられることになるだろう。

宇宙ホテルによる経済貢献

軌道上ホテル産業の発展は航空機産業、いわゆる航空機製造と運航、空港、旅行会社、ホテルおよび関連サービスと同じように進むだろう。その産業に入るお金の流れを考えると、経済への貢献を期待できる。現在の航空産業と同じく、宇宙旅行のキャッシュフローの約三分の一は燃料代であり、約三分の一は輸送機の購入費用、残りの約三分の一はほかのスペースプレーンの運航費、スペースポート使用料、利益などである。

乗客の数が増えるに従って、輸送費は一キログラムあたり数万円に下がるので、大規模な宇宙ホテルをつくっても、建設費は現在の地上の大きなホテルと同じくらいになる。例えば、数百人の乗客が利用できる千トン（大型飛行機の五倍程度）くらいのホテルの建設と輸送費は数百億円程度である。宇宙ホテルは、鉄筋コンクリートよりも数段軽いアルミを使うため、飛行機のようにとても軽くできるからだ。

ＪＲＳの研究によると、「観光丸」という旅客機の開発の初めから一七年後、乗客の数は年間七〇万人で、往復のチケット代は三百万円弱になる。このＪＲＳの試算は、先に紹介したディートリッヒ・ケーレ氏とアイバン・ベッキー氏と同様の結果である。これに基づいて、もし皆が軌道の宇宙ホテルに二泊三日泊まると、複数のホテルの合計は七千人の乗客に対応するため数千人のホテル員が同時に宇宙で働く必要がある。

軌道上に七千人が同時に泊まることは現在の宇宙産業にとって考えられないレベルの大きな人数にみえるが、ホテル産業にとっては本当に小さなレベルである。地上の大きな都市で十万人以上泊まれるホテルはあたりまえである。興味深いことは、五〇年間の政府の宇宙開発の結果として、このくらいの大規模な活動はまったくなく、現在毎年約二〇人の政府の宇宙飛行士は宇宙に泊まる。

まだあまり知られていない結論は、これから宇宙で最大の雇用は宇宙ホテル産業ではないかということである。「若い人にとって、これより人気のある仕事は考えられるだろうか？」「若い人にとっての最高の夢になるのではないか？」宇宙ホテル員は軌道上で二か月のシフトで働いたら、スペコン（スペース・コンダクター）として働きながら、旅客機で地球に還る。地上に還った後、地上のホテルかクルーズ船で数か月働いたら、また、宇宙ホテルに戻って働くだろう。そして、初期段階の年間七〇万人の乗客規模も、将来的に五百万人以上の人が毎年宇宙旅行に行くようになれば、将来の宇宙旅行産業の成長に限りはないぐらいだろう。

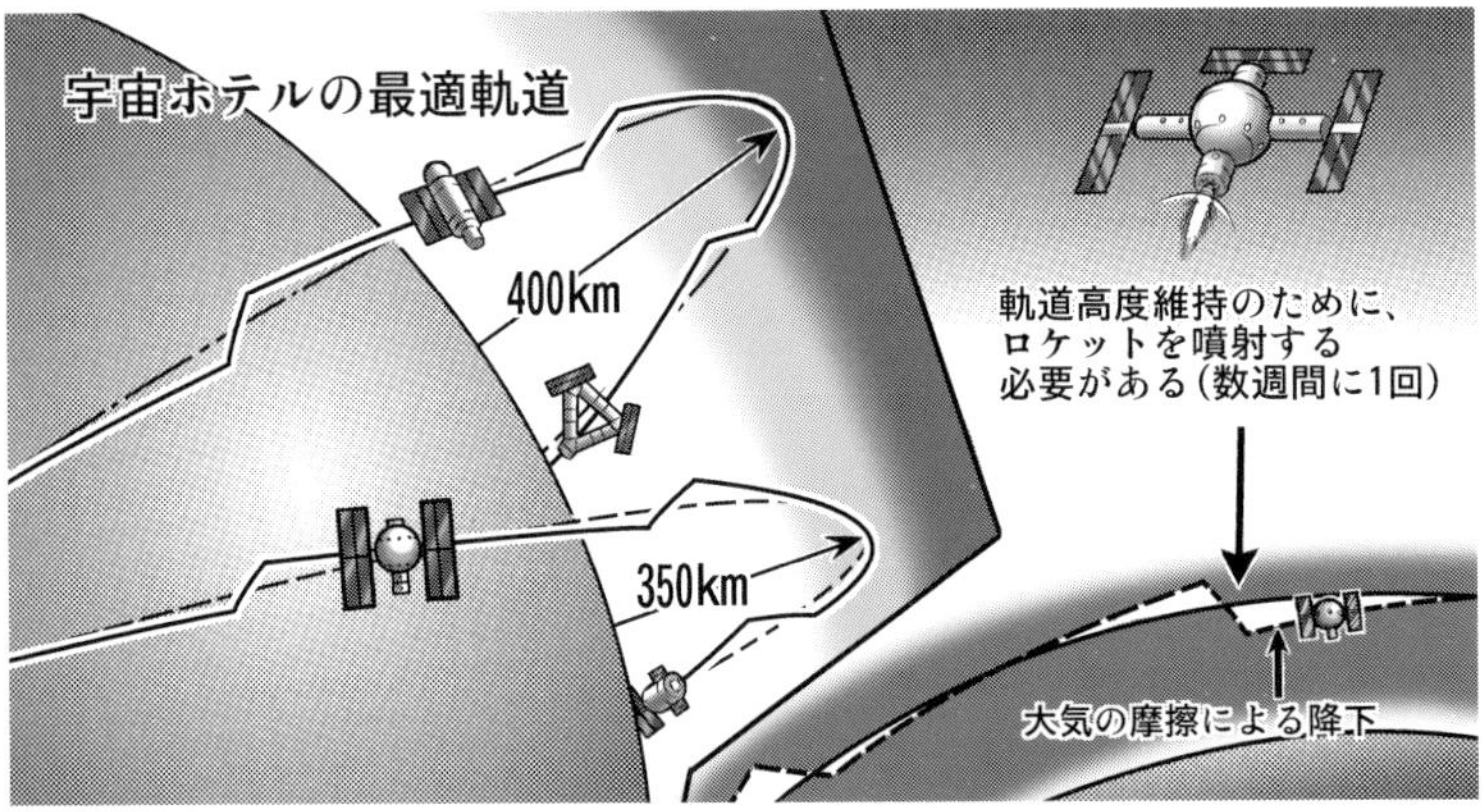

宇宙ホテルの共有される軌道

宇宙にますます多くの企業が宇宙ホテルの建設を計画すると、衝突の回避が重要になるので、同じ軌道に多くのホテルを建設するのが最も簡単な方法である。異なった軌道にホテルがあると衝突の確率が高くなってしまうからである。

全ての軌道の地上道（宇宙から見た地上をトラックした道）は地球を周回する毎に西に何百キロ（緯度によって）シフトし、同じスペースポートにホテルが戻ってくる前に多くの軌道を通ることになる。約三五〇キロメートルと四〇〇キロメートルの高度の軌道は特に便利で、二日間毎に同じ場所に戻ることになる。その結果、この二つの異なった高度の軌道が〝ホテル軌道〟として有望である。

これらの高度でさえ、何らかの空気抵抗を受けるので（ホテルは秒速約八キロメートルで動いていることを忘れてはならない）、ゆっくりと高度が下がっていく。その結果、時々、ホテルは軌道を上げるためにロケットの推進力を必要とする。これらの高度は〝saw-tooth（ノコギリ歯〟パターンをもち、正しい高度に再ブーストする前に、どのくらい高度が落ちるかが上記のようにパターンで規則的に分かることが必要である。

軌道の角度と同じ緯度のスペースポートからの離陸は東側にロケットを加速する方が、推進剤の経済性が最も良い。より多くの地表面を見ることが要求されるフライトサービスの提供に当たっては、高緯度のスペースポートから離陸することが必要になる。そして、多くの人が、自分の国を眺めたいので、そのため同じ緯度かそれより高緯度から離陸する必要がある。また、極を含む全世界を見るためには、〝極軌道〟にのせる必要があり、そのためには他の軌道より多くの推進剤が必要になる。

宇宙旅行産業が新しく作りだす経済効果

宇宙旅行産業は、日本だけで考えても毎年何兆円もの産業になるだろう。しかし宇宙旅行産業はただの旅行というだけではなく、新産業の「基幹産業」になるので、その利益は製造、運航、旅行、マーケティングなど直接的なビジネスのみで反映されるだけではない。

まず、軌道上の宇宙ホテルの建設は、広範囲の産業拡大に向けて大事なアドバンテージになる。これは、特に消費者向けの多数の異なった産業、建設、内装設計、ホテル運営、ケータリング、ファッション、エンターテインメント、スポーツなどの宇宙産業の拡大になり、これは宇宙活動における消費者の経済的なエネルギーが広範囲に影響を及ぼすだろう。今までの宇宙活動は、技術的な活動だけに注力し、この経済成長の元をふさいできたことになる。

大勢の人がお客としてお金を払って宇宙ホテルに泊まるようになると、無重力用の洋服、食料、音楽、教育、スポーツなどの趣味の分野の業種でも、企業はお客をひきつけるための競争にこぞって参戦し、あらゆる種類のビジネスが生み出されるだろう。これは巨大な「ブーム」をつくり出し、世界の文化的な利益は「ルネッサンス」と呼んでも言い過ぎではないだろう（これについては後でより詳しく説明する）。

宇宙旅行の可能性は一九九八年にＮＡＳＡ、ＡＩＡＡ、経団連に認識されたが、これらのレポートが出版されてから一五年間、誰からも実現を否定する根拠は示されていない。そしてこの間、世界中の政府宇宙局は経済的に有益でない宇宙活動に三〇兆円以上も使っている！

ある評論家は、宇宙旅行はお金持ちだけの楽しみだと言うが、日本ロケット協会の宇宙旅行研究企画は中間層のマーケットが確実にあることを調査した。この調査の結果、一七年間で、年に七〇万人の人が宇宙旅行に数百万円払うと評価した。このシナリオが続けば、図に示すように、航空産業のように早い成長率で、二〇五〇年には五百万人の乗客までに成長する。この図に関しては次のようにコメントできる。

1　このシナリオが実現すると、二〇五〇年までに約五千万人が宇宙旅行に行くことになる。これは中間層の二パーセント程度の人数にあたる。しかし、市場調査によると中間層の大部分、すなわち五〇パーセント以上の人が宇宙旅行をしたいと言っているので、潜在的な市場に比べてこのシナリオは少なめになっている。

2　これからも宇宙局の支出が二〇五〇年まで続くと、また百兆円規模の支出になる。それに比べて、このシナリオを実現するための納税者の負担は少ない。なぜなら必要な投資のほとんどが民間企業から投資されるからである。毎年約一千億円、すなわち世界中の宇宙局の予算の数パーセントを使うだけで、民間企業のリスクを充分減らすことができるから、民間企業は残っている大部分（何十兆円）を投資すれば良い。これにより、このシナリオの経済的な価値は企業の投資と利益として非常に高いものになる。

3　このシナリオにより、数百万人の雇用が自発的に生まれる。そして数万人は宇宙ホテルで働くことができる。読者の中には、このようなシナリオはよくないと思う方がいるかもしれない。なぜならレジャー産業は、必要なもの

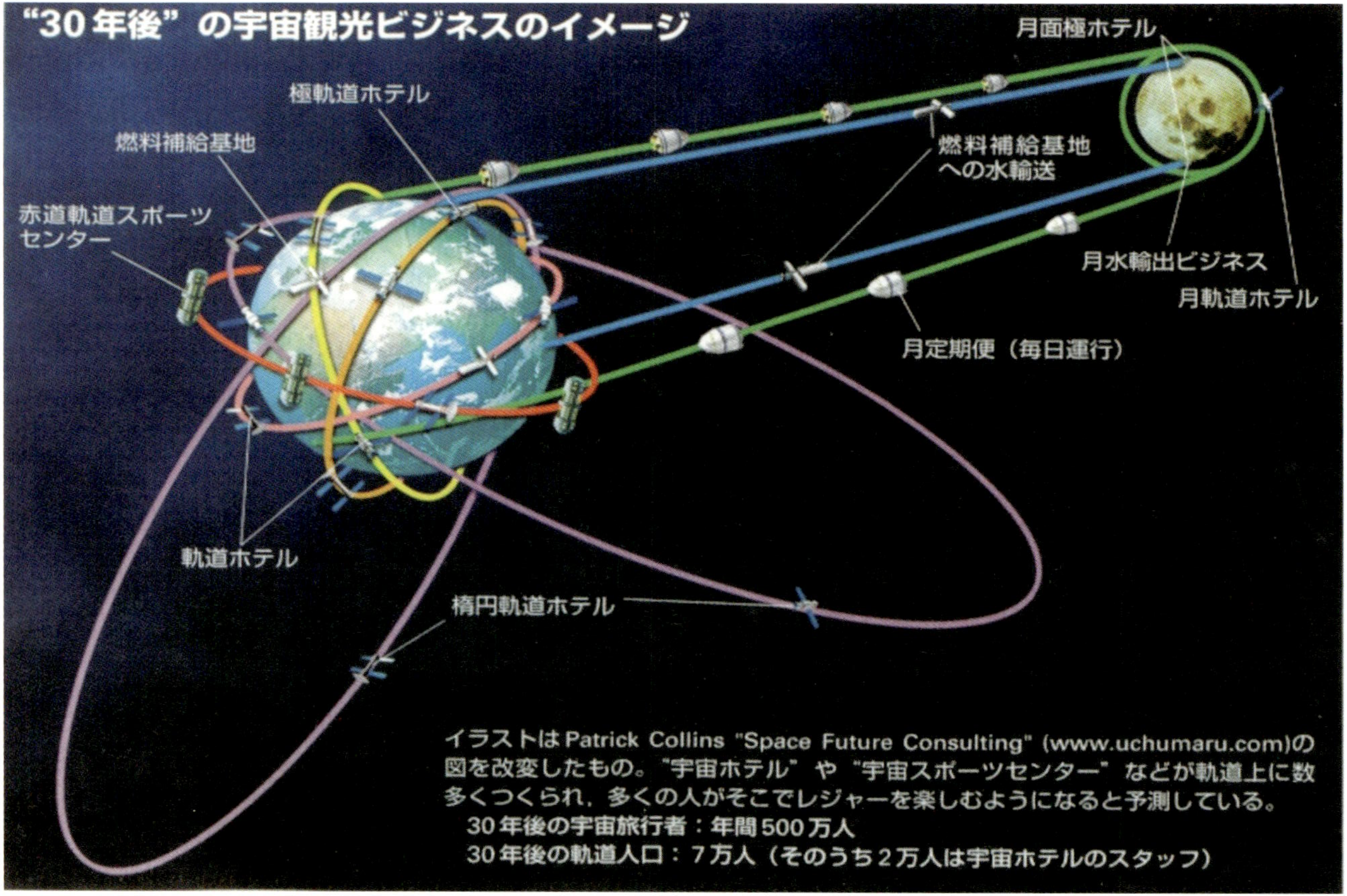
"30年後" の宇宙観光ビジネスのイメージ
月面極ホテル
極軌道ホテル
燃料補給基地
燃料補給基地
への水輸送
赤道軌道スポーツ
センター
月水輸出ビジネス
月軌道ホテル
月定期便（毎日運行）
軌道ホテル
楕円軌道ホテル
イラストはPatrick Collins "Space Future Consulting" (www.uchumaru.com)の
図を改変したもの。"宇宙ホテル" や "宇宙スポーツセンター" などが軌道上に数
多くつくられ，多くの人がそこでレジャーを楽しむようになると予測している。
30年後の宇宙旅行者：年間500万人
30年後の軌道人口：7万人（そのうち2万人は宇宙ホテルのスタッフ）

図：2050年までの可能な宇宙旅行展開のビジョン

イラスト：脇本明央

ではなく、機械や建物をつくる仕事のほうが大切だと考えているからである。しかし、先進国では、産業化が進むにつれ必要な仕事は少なくなり、雇用が減ってくる。そして、機械や建物などの国民が必要なものより、レジャーや娯楽といった必ずしも必要ではないが、国民が望むサービスを供給するためのサービス産業の仕事は多くなっている。これは先進国の経済の基本的なパターンであって、将来でも進む。又あたり前だが観光のようなサービス産業は製品の需要を生み出し、航空メーカーに巨大な市場を提供している。同じように、上記のような宇宙旅行産業の成長は、現在の行き詰まった状態とは対照的に本当の宇宙技術メーカーのブームをつくるのである。

一般の人に宇宙旅行サービスを提供することは、消費者に人気のサービスを提供することによる経済的な価値に加えて、社会的にも価値が高い。宇宙旅行体験による教育的な価値も高く、現在先進国に広がっている必要のない悪影響をおよぼすレジャー活動のアルコール、ギャンブル、害のある薬のような活動よりはるかに望ましい。

宇宙旅行の発展は、先進国に雇用の増加と経済成長を促し、失業を減らすことができる。また、先進国での経済成長がうまくいくことにより、発展途上国への支援を増やすことができる。すなわち、先進国の経済成長は発展途上国にもよい影響を及ぼすのである。

このシナリオは、現在の宇宙活動とは驚くほど違う。残念ながら現在は、莫大な予算を使っても経済への貢献は非常に少ない。宇宙局の予算の二割くらいは科学研究に使われている。もちろん、天文学や宇宙科学なども含めて研究としての価値は高い。しかし、残りの八割の約二兆円は宇宙ステーションや使い捨てロケットなどを含めて、技術開発に使われており、経済的な貢献をする商業活動はほとんどない。

宇宙局の活動と商業活動の違いを図に示す。簡単に言うと、ある会社が一千億円を投資すると、その後の売上高は毎年一千億円まで成長する。それが、何十年か続いて蓄積利潤が投資額を充分超えると、投資家が儲かることができ、

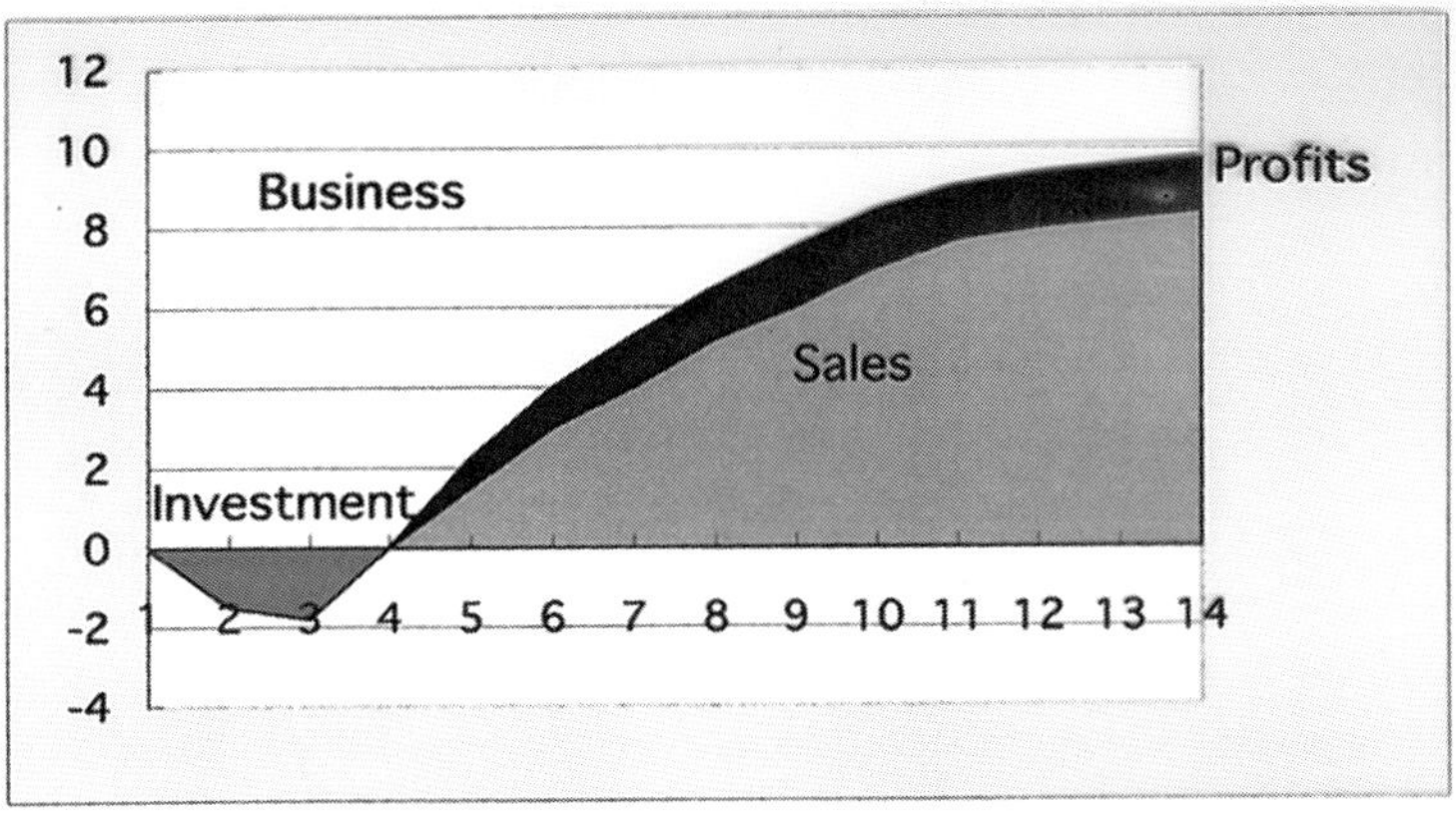

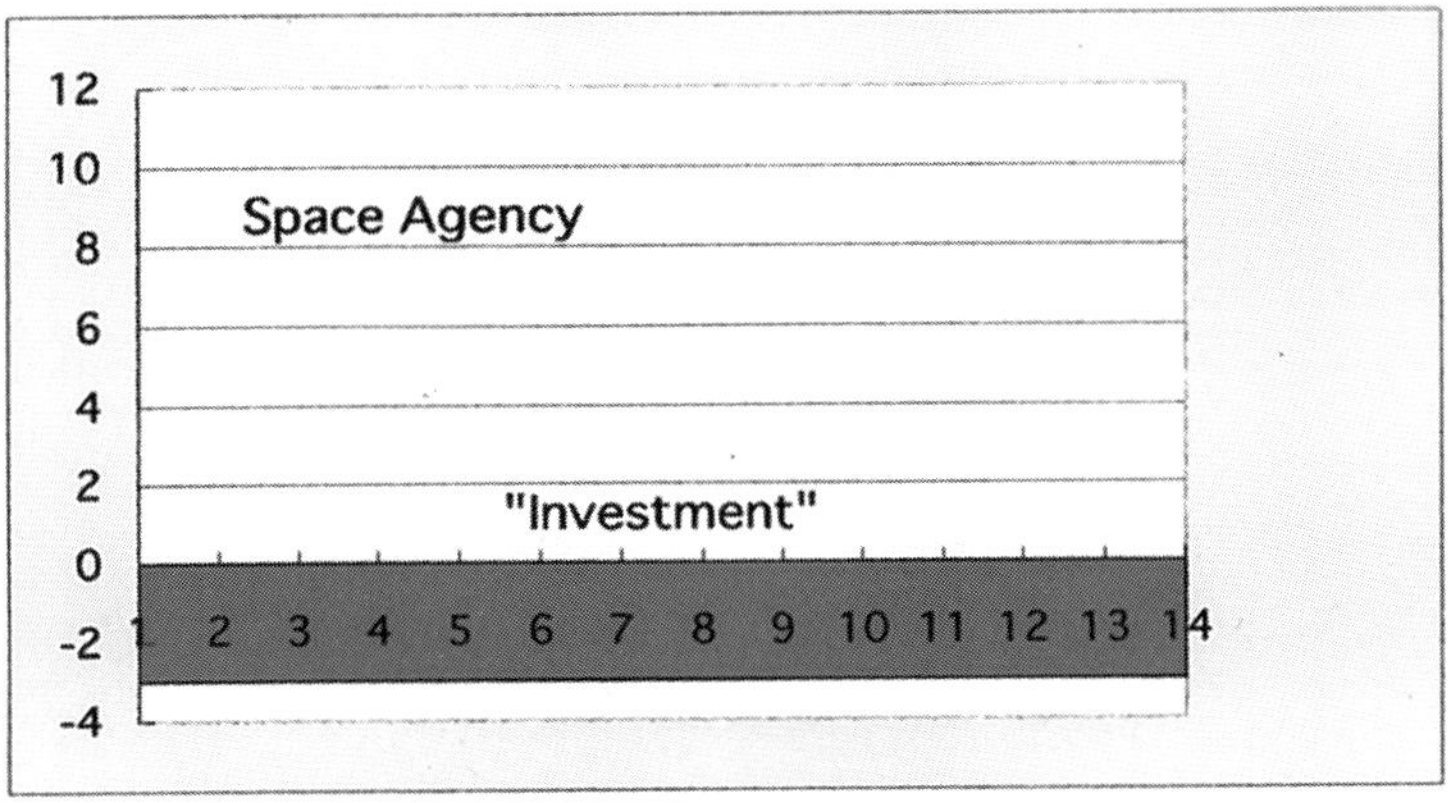

図：宇宙局と会社の活動の違い

会社の資産も増える。例えば、一千億円の投資が二〇年の間に二千億円の利益を生みだせば、一千五百億円は投資者に返還され、五百億円は会社に残る。

これとは対照的に、世界の宇宙局の毎年の宇宙科学以外の予算の二兆円のために、商業宇宙活動の成長はほとんどない。宇宙産業が、国民が買いたいサービスを供給しないかぎり、成長しないことは逃げられない事実である。そしてこのため近年、先進国の宇宙活動に働く人数は減っているのである。

Column

オニール博士の提案した「スペース・コロニー」

一九七〇年代に、プリンストン大学の物理学者のジェラード・オニール教授は学生と一緒に宇宙開発の将来のプロジェクトを研究していた。「数万人が暮らせる大型宇宙船を月面からの材料で造れるか？」という問題を解決するために、複数の課題を調べた。月面の石からアルミ、鉄、シリコンなどの取り方、直径一キロの球形と円筒形の構造物の設計と造り方、人工重力、太陽エネルギーの利用などを勉強した。

「確かにできる」という結論がでたため、オニール博士は「ザ・ハイ・フロンティアー」という本を出版して、長さ数キロの円筒形の「スペース・コロニー」の概念は短期的にアメリカ中に有名になった。プリンストン大学で「スペース・スタディーズ・インスティチュート」（ＳＳＩ）が設立されて、二年毎の学会を開催することになった。

日本で、ガンダムの原作者の富野由悠季監督はスペース・コロニーの概念を使って、数十年中大人気になったフィクションを作ったので、スペース・コロニーのアイディアは日本でアメリカより有名になった。二二世紀に行うガンダムの歴史の舞台は地面、そして地球と月の軌道に乗っているスペース・コロニーと小惑星などである。エンジニアーとして、日本でＳＰＳのパイオニアーの長友信人教授はスペース・コロニーの設計と製造について様々な課題を研究した。

スペース・コロニーの製造を払うために、オニール博士は、太陽発電衛星を軌道上で造る人達の宿泊として使えると提案した。しかし、それより大規模な観光施設の方が現実的だろうと著者は一九八七年の論文に説明した。ところで、さすがなガンダムのストーリーには、「テキサス」というスペース・コロニーは観光専用施設として使われる。

将来の市場成長規模

世界中で経済成長を続けるには、充分の新産業が必要である。宇宙旅行産業が長期的にどこまで成長し、世界経済に貢献するかは興味深い。

簡単な数字として、乗客が一人あたり二〇〇万円払えば、二〇五〇年の売上高は十兆円になる。そこからどこまで成長するかはいろいろな要因に依存するが、需要不足のために限られることはありえないだろう。宇宙旅行の人気に加えて、宇宙旅行サービスの発展は無限だと言える。宇宙ホテル産業はどんどん成長し、軌道上スポーツセンター、月面ホテルなどの施設もすでに考えられている。

そして、二〇五〇年以降の成長が年に八パーセントだとすれば、二〇八〇年に売上高は百兆円になる。毎年五千万人の乗客は多いと思われるかもしれないが、現在の航空産業の十日間の乗客数にあたらない。

以下に、別の方法による、将来の市場の見積もりを累積データとして示す。

十億人の中間層の一割が一生に一度宇宙旅行をすることになれば、累積売上高は約二百兆円になる。この人数は多いと思われるかもしれないが、航空産業の年間乗客数はすでに二五億人を超え、世界人口の三分の一に達している。宇宙産業の人はこの提案を「推測だけ」「根拠がない」などと批判するかもしれないが、この意見は研究に基づいていない。この研究に世界中の宇宙局の宇宙予算の一〇〇〇分の一（約二〇億円）でもつぎこめば、真実を理解できる。

世界経済の大危機がなければ、東南アジア、中国、インド、南米などには数十年の間、経済成長は続くだろう。こうなれば、これらの国の中間層の人口が増加して、二一世紀の中旬には世界全体の中間層の人口は今の約二倍になる。これらの国で宇宙旅行の市場調査は実施されていないが、そこでも先進国と同じ結果にならない理由はない。

もし、この見積もりを「空想にすぎない」と批判する人がいたなら、一九〇〇年におこなわれた航空産業の二〇世

表１　宇宙旅行産業の可能な蓄積売上高

先進国の人口	＝	１０億人
このうちの１０％	＝	１億人
１人あたり２万ドルの宇宙旅行費用	＝	２兆ドル
しかし		
人口の大部分（＞５０％）宇宙旅行したい		＞５＊
ほとんどの人は２回以上したいと言う		２＊
中間層の人数は速く増えている		＞２＊
可能な市場		＞４０兆ドル以上
＋　サービスの改善の無限の可能性		

紀中の乗客人数の成長見積もりについて正しい予測がなされていたかを考えてほしい。一九〇〇年の主な輸送手段は馬車で、飛行機に乗ったことのある人は一人もいなかった。したがって、「毎日数百万人は飛行機に乗る」や「毎年の乗客が十億人を超える」などの話は、当時は「まったく狂っている」と言われたが、この考えは実際、正しかったのである。

その上、一九〇〇年にまだ始まっていない航空産業に比べて、現在の宇宙輸送はすでに五〇年間続いている。従って、これからの宇宙旅行産業についての成長の予測は、既存の技術および市場調査のデータに基づいているので、馬車の時代に飛行機の乗客数を見積もることよりも、桁違いに、ずっと信憑性が高いではないか？

さらなる宇宙空間での経済成長

上記の活動に加えて、軌道までの宇宙輸送費がどんどん安くなれば、宇宙で新しい製品とサービスの需要をつくることが容易になって、新しいイノベーションと経済活動がたくさん生まれる。現在は打ち上げ費用がまだ半世紀前と同じように高いためにできない経済活動も、宇宙では可能になってゆく。

「本当の宇宙時代」というのは、多くの人間の活動が地球よりも宇宙に広がる未来が、フィクションでもノンフィクションでもよく説明されている。この未来がまだ実現されていない基本的な理由は、宇宙に行くことが高すぎる、または現在の宇宙からのサービスの需要がとても少ないためである。しかし、たくさんの人たちが求める宇宙旅行サービスを安く供給することになったら、さまざまな長期的で有望な可能性を実現することができる。

月面旅行

月面までの旅行についても話をしよう。

軌道までの宇宙旅行が大規模になったら、月面も人気の観光地になると考えられる。月面旅行は、サブオービタルと軌道上滞在の次の段階である。月面旅行を実現するためには、旅行サービス、すなわち旅行、宿泊、食事、エンターテインメントなどを月面で供給するためのシステムと設備に投資する必要があるので、月面での経済成長に大いに貢献する。

月面で経済成長するためには、インフラストラクチャーの建設に投資しなければならない。この投資を調達するためには、投資者が利潤を得る必要がある（政府の場合は、利潤より社会的便益の必要があるけど）。利潤を得るためには売上高が必要である。そして、少なくとも最初は、売上は月面ではなく、月からの輸出からしか得られない。しかし、月面からの輸出は月面での経済成長になくてはならないのに、地球までの輸出は非常に難しい。ほとんどの製品はすでに地上で安く買えるからである。

今まで説明したように、軌道までの旅行サービスが始まると、軌道上ホテルのサービスが始まり、旅行者は毎年数百万人になる。そうなると、軌道上ホテルは月面からの最初の輸出先になるかもしれない。例えば、現在の一キログラム当たりの地球からの打ち上げ費用の二百万円が、これから二万円まで安くなっても、この輸送費は地上の値段にくらべて高い。したがって、水一リットルは軌道上ホテルで二万円になる。月面の重力は地球の六分の一なのでそこからの輸送はしやすくできるので月面からの氷や水を軌道上ホテルでこの値段以下で売ることができると思われる。月面からの最初の輸出品になるかもしれない（下記の説明のとおり、水から酸素と水素を太陽エネルギーでつくることができるので、価値が高い材料だろう）。

月面から地球低軌道まで氷を輸送するインフラストラクチャーを開発すれば、月面までの宇宙旅行を始めることができる。そして月面旅行の売上高は、最終的に非常に多くなるだろう。なぜなら技術の面で月面までの旅行は、地球軌道に行くことに比べて、そんなに難しくはない。一九六〇年代でも、その四〇万キロを三日間で行けた。ただし、必要な推進剤は地上から軌道への二倍程度必要で、もっと多くのインフラストラクチャーが必要である。

約二週間の月面旅行には、表にかかれているシステムを使う必要がある。確かに最初のフェーズで月面旅行は冒険だろうが、大規模になればインフラストラクチャーをつくり、乗客は快適にいろいろな違うことを経験できるようになる。月面旅行の前にほとんどの乗客は前もってサブオービタルか軌道上滞在の旅行を経験するかもしれない。

この表にある短いリストを読めば、月面旅行をしながら、地上でできない多くのおもしろい経験ができることがわかるので、月面に行きたい人はもっと増えるだろう。本当の宇宙時代の旅行には、現在の飛行機、船、フェリー、港、クルーズ船、空港、ホテルなどと同等の施設や設備が必要になるので信頼性の高いメーカーのビジネスチャンスは盛りだくさんである。これらの製造と利用によって多くの仕事が生まれ、多くの技術者、経営者、サービスの社員など

出発	宇宙旅客機への搭乗
	地面から離陸
宇宙ホテル	地球低軌道への投入
	低軌道ホテルへのランデブーとドッキング
	低軌道ホテルへの到着と短期間の滞在
	地球軌道から月軌道へのフェリーへの搭乗
2日目	切り離しおよび地球軌道からの出発
	小さくなっている地球、大きくなっている月の眺望
	地球—月のＬ１点：　残り５万８０００キロ
5日目	月低軌道への投入
	月軌道ホテルへのランデブーとドッキング
	ホテルへの到着および月低軌道からの眺望
	月面へのフェリーへの搭乗
	出発、軌道離脱
	月面への着陸、到着
	月面ホテルのチェックイン、ムーンウオークの練習
	観光（月と地球の眺望）
	見学、月の裏側、歴史的な場所、鉱山、天文台など
	月面スタジアム、低重力のスポーツ
	鳥のように飛ぶことができて、飛ぶバレエなどを眺める
	月面公園、低重力の水泳プールなど
	チェックアウト、月軌道へのフェリーへの搭乗
10日目	上記の活動の逆順番
14日目	帰還

月面への２週間の旅行

が必要になるので、雇用がさらに増える違いない。そして月面旅行はどの国にとっても大人気の観光になるだろう。なぜならすべての文化には月についての神話と伝説があるからである。例えば日本には、「卯年」があり、ウサギが月でお餅をつくなどの話もある。月は宇宙旅行者にとっての「メッカ」になるのではないかと思う。

月面旅行が人気になると、大規模な月面の建設プロジェクトが始まるだろう。月面の重力は地球の六分の一なので、月面での建設は技術者にとってとても興味深い仕事になる。簡単に言うと、月面の建物は地球の六倍の高さにすることができ、直径一キロメートル以上の「ドームシティ」をつくることもできる。宇宙旅行産業のお陰で実現する安い輸送費のために、多くのほかの産業が「宇宙工場」として月面で始まる。月面からの材料を洗練して生産することで、太陽電池パネル、アンテナ、圧力容器（モジュール）、ガラスファイバー、窓などの製品をつくることができる。研究者はすでに数十年間この可能性について研究と設計をしている。設計を実現するための予算がなかったのだが、今後、旅行産業から予算を得られるようになれば、月面の経済基盤を早くつくれるだろう。

月旅行だけでも、地球に住んでいる人間の文化に対して強い影響を及ぼすだろうが、月面に住んでいる人たちは新しい月の文化をつくるだろう。例えば、スポーツスタジアムをつくったら、鳥のように飛ぶスポーツは大人気になる。アメリカ人のエンジニアでSF作家になったロバート・ハインライン氏は、一九五〇年代にこれについてとても現実的なストーリーを書いた（「地球の脅威」）。実際、月面でおこなうスポーツのすべては、重力が地球の六分の一なので、サッカー、体操、ダイビング、野球、柔道、テニス、陸上競技などで、地球と違ったおもしろいものになる。

「これから月面旅行が始まるまでには数百年かかる」と思う読者がいるかもしれない。しかし、実際は数十年しかかかるはずはないのである。なぜなら、四〇年前にも人間は月面を歩いたことがあるのだから！二〇〇八年にロシアの会社が月への往復旅行を企画した。この企画には月面着陸は含んでいなかったが、月までは四〇万キロなので、片道三日間で往復一週間でも行けるくらいの距離で、そんなに遠いわけではない（火星だと片道は一年もかかる）。しかし、この企画において、いちばん重要なリスクは輸送機の故障であろう。もしも、輸送機が故障した場合、乗客を救うために、助けに行くことができる輸送機はない。将来、定期的に月旅行サービスが提供されるようになると、月までの輸送機が頻繁に飛ぶようになるため、このようなリスクはなくなる。

Column

月面のスポーツ

月面に暮らすためのインフラをつくることができたら、月面への観光旅行サービスは始まる。最初に住む人は、簡単なモジュールにただ住むだけで快適なものではないが、人気になれば、良いサービスを提供するために企業は競争するようになり、どんどん快適なものになっていくだろう。建設会社にとって、月面のドームなどの建物の設計をすることは魅力的な仕事になる。ドームが直径百メートルを超えるとお客さんは翼をつかって鳥のように飛ぶことができるようになる。

飛ぶスポーツがひじょうに人気になって、ビジネスチャンスをたくさん生まれる。やっと、月面鳥人間オリンピックが開催されるだろう。その最初の年となるのはいったい何年だろうか?これからがんばれば二〇四〇年代でも可能ではないか。宇宙スポーツの施設の設計、建設、運営、メンテナンス、関連設備の製造、コーチ、トレーナ、イベント主催、放送、メディア、広告などから多くの雇用が出てくる。

二一世紀の宇宙旅行シナリオ

次のシナリオは予測ではなく、一つの可能性を過ぎない。当たり前だが、このままで実現するかどうかは、これからの投資活動に依存する。もし必要な資金がすぐ投資されれば、このシナリオを実現することができる。しかし、予算が足りなければ、実現されない。「できない」や「難しい」などの話は正しくない言い訳だけだと著者は提案する。月面旅行さえ、四十数年前でもできたから、現在の技術及びこれから半世紀の先端技術を使えば、もちろん充分可能で、全然難しくないとわかる。

確かに、サブオービタルの飛行についても、軌道滞在についても、どこまで安くできるかということは中心的な課題である。これについて、航空産業の今までの歴史を見れば「それは無理」という予測はほとんど間違っているではないかとわかる。二〇〇〇年の乗客数が十億人に達したら、二〇一一年に既に二五億人まで膨らんだ！　グラフを見れば、その成長率はまだ続いている。

この上、航空界の近年の現象のＬＣＣの成長は、その産業の費用をどんどん減らしているので、乗客数は又速く増えている。従って二一〇〇年中、約百億人は飛行機に乗るかな！

世界経済の成長率が平均として毎年二・三パーセントで続けば、平均給料は百年毎に一〇〇〇パーセントいわゆる十倍い成長する。そうなれば日本人の数百万円の平均給料は数千万円になる。従って二一世紀末までに、現在考えられない高いサービスでもありふれていることになるんだ。

月面旅行も、二〇三〇年代に始まれば、二一〇〇年までに一億人でもなれるのは無理ではないではないか？「無理だろう」と言いたい読者は、ネックはどこにあると思う？

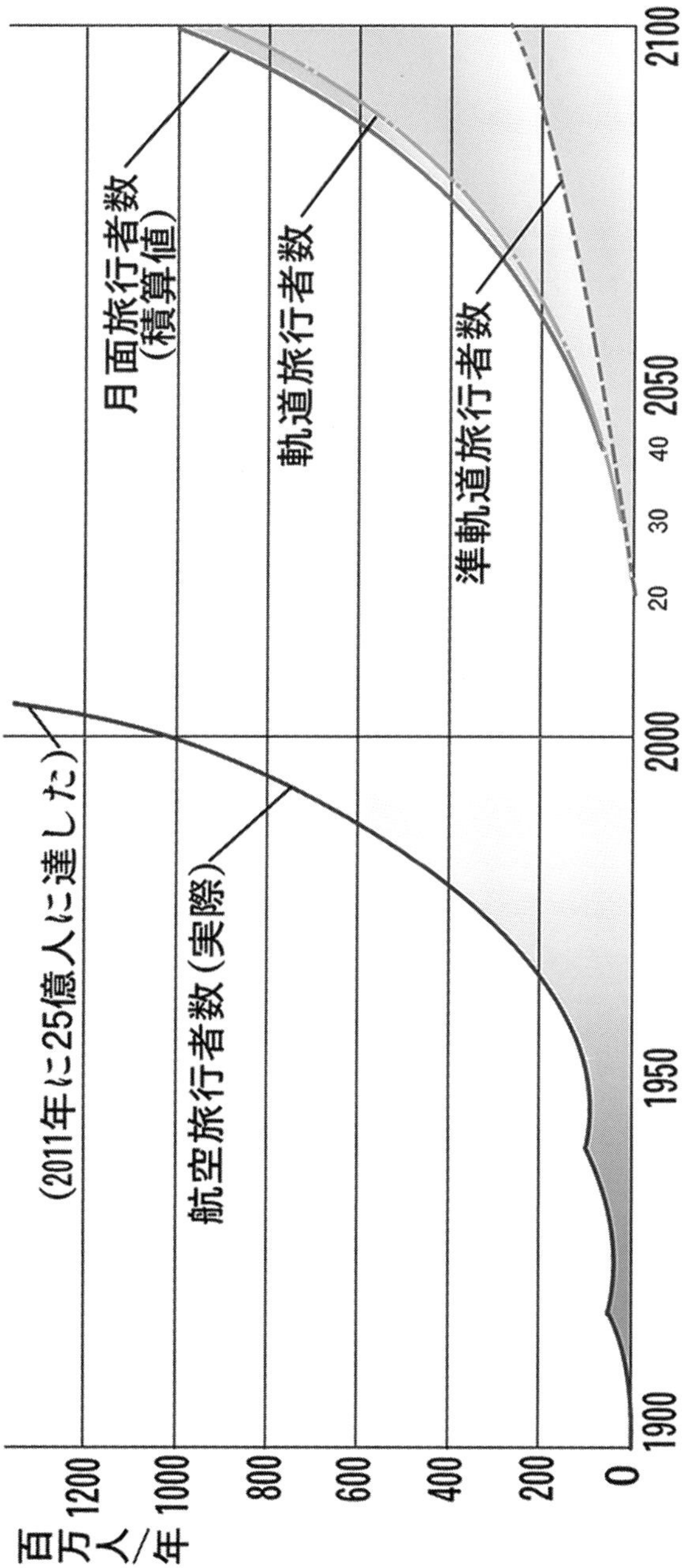

20 世紀～21 世紀の、航空旅行者数と、宇宙旅行者数のシナリオ

1　燃料、すなわちエネルギー不足

数字を見れば、それはないとわかる。近年、天然ガス産業の技術開発の進歩のお陰で、最近まで使えなかった「シェール・ガス」のたくさんは使われることになった。米国の天然ガスの国内市価は日本の八分の一まで安くなった。この上、やはり「化石燃料」ではなく、連続に地球の中から漏れるメタンガスは自然現象だという理論は受け入れられることになっている。

従って、近年の「メタン革命」だけでも、エネルギー供給は足りるかも知れない。しかしその上、必要になったら、現在ゆっくり開発されている太陽発電衛星は無限のエネルギーを供給することができる。又、すでに研究中になった宇宙エレベーターが本当に実現されるかどうかわからないが、月への貨物の配達及び月面旅行をとても安くするだろう。燃料なし、地面から月面まで太陽発電だけで行けるに違いない！

2　汚染、すなわち環境問題？

確かに、人口が増えるにしたがって、地球環境に対しての影響は大きくなって来た。しかし、環境問題を解決するための研究はどんどん進んでいるので、必要な科学知識及びデータはどんどん増えている。又、上記に説明した通り、人間の地球外活動が増えるにしたがって、地球環境への影響を減らすことができる。

最近までに、人工地球温暖化が危ないと提案されたが、科学の進歩のお陰で、そのことはないとわかって来た。一九九八年から、大気圏の平均気温は涼しくなって、温暖化より次の氷河期の早い始めの方が危ないだろうという提案は話題になった。

グラフに見せられている二一世紀の宇宙旅行産業の広い展開の可能性を見れば、やはり人類の将来は明るいだろうと理解することができる。近年の人口問題と資源不足のための戦争の必要性などの話は短期的な作り話だけ。残念だが、既得権益が消費者をあちこちに走らせば、短期的に儲かる。そして新しい産業のアイディアが足りない限り、失業率を短期的に減らすため、及び消費者がお金を使うために、ある国の政府も参加している。

これに対照的に、無限の成長の正しい方向を認識したら、この意味ない怖い話はもう必要ない。人類はもう子供ではない。大人になっているので、今までの託児所の扉を開けるために努力する必要がある。それができたら、無限の世界は広がる。人類は今の一つの惑星だけに閉じ込められるはずはない。宇宙旅行をしたい大勢はやりたいことをやれば、輝いている将来をつくれる。

宇宙での有望な新産業・太陽光発電衛星の実現

将来的に役に立つ宇宙ビジネスのひとつとして、太陽発電衛星の製造と運用がある（ＳＰＳコラム参照）。この技術がどうやって使われるかはまだ詳しく予測できないが、太陽発電は宇宙でほとんど連続して使われることになるため、すでにエンジニアたちは多くのアイデアを用意している。

ひとつの可能性として、インドネシアなどの無人島や砂漠などの場所で複数の衛星から電波エネルギーをたくさん受ける受電アンテナがつくられることになる。そのエネルギーを使って、水から水素などの燃料をつくって世界中に輸出することが可能になる。

二〇〇九年、日本政府は「宇宙基本計画」で、世界で初めて太陽発電衛星の実験機をつくることを決めた。この計画が続けば、二〇三〇年代に約一万トンの衛星を打ち上げて、一ギガワットの電力を地上に送ることができる。このような計画は大規模な宇宙の産業化の始まりとなり、ほかの多くの大プロジェクトが可能になるだろう。しかし、太

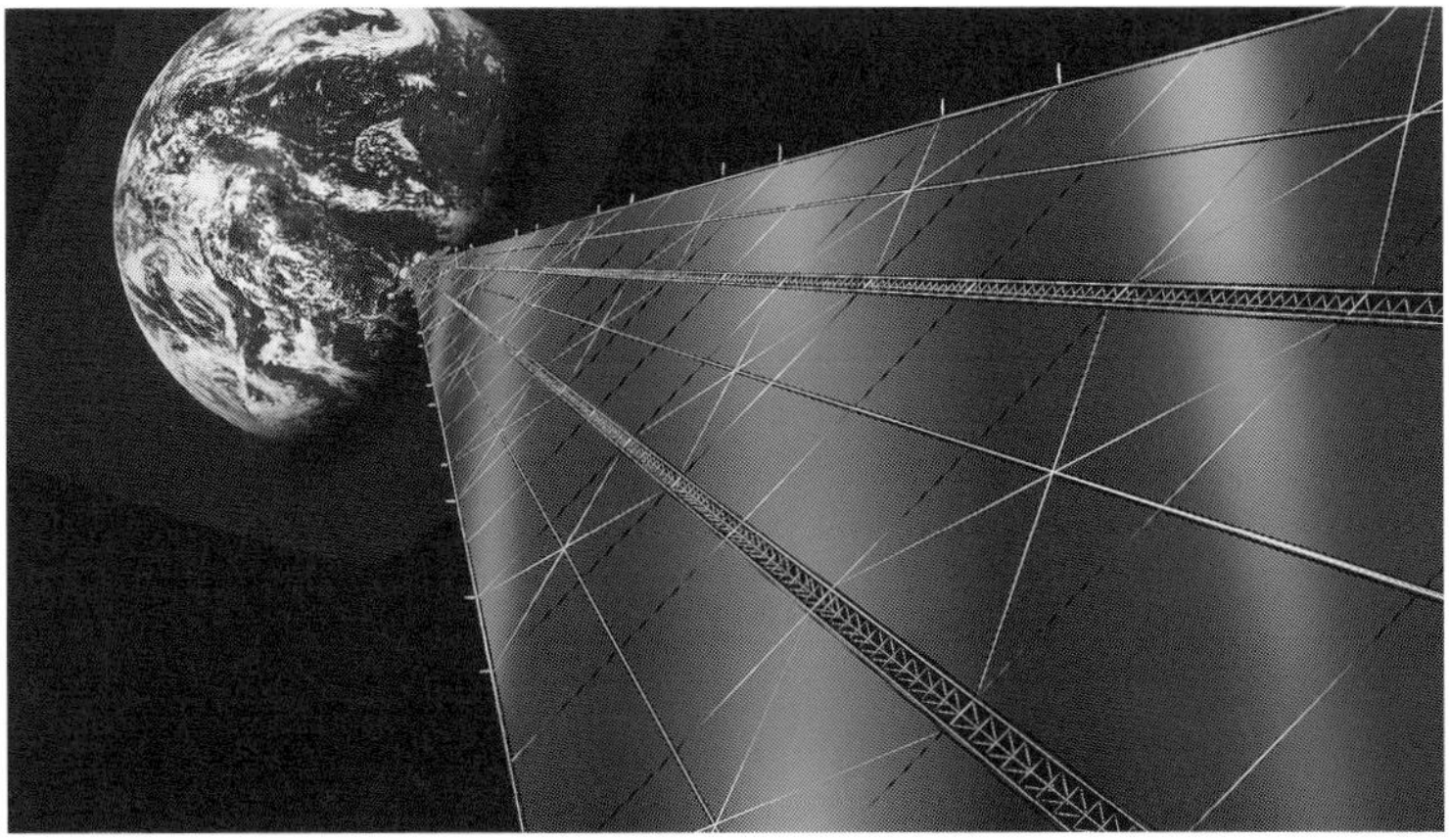

太陽発電衛生の概念図

太陽発電衛星

一九六八年、アメリカ人のエンジニアのピーター・グレーザーは太陽エネルギーの中心的な問題の解決を論文に提案した。夜にも、雲っている時にも太陽エネルギーは地上に少ないので、太陽電池が発電する電力は不便で高い。従って、太陽電池を軌道に乗せて、その発電している電力を電波で地面まで供給すれば、連続に使えると提案した。

「太陽発電衛星」（ＳＰＳ）を実現するために、軌道上で実験機の運用が重要なステップなのに、四〇年間働いている研究者はまだ予算を受けていない。一九九一年のパリでの国際ＳＰＳ大会には、長友先生の提案した赤道上底軌道用「ＳＰＳ２０００」という一〇ＭＷの実験機は「世界中最適なＳＰＳプロジェクト」として三〇〇〇ドルの賞金を受賞した。

一九八九年にＳＰＳワーキング・グループはＩＳＡＳで設立されて、色々な技術を開発してきた。一九九七年に、もっと広い範囲の研究者が入っている日本太陽発電衛星研究会は設立された。二〇〇九年に、日本政府の新しい「宇宙基本計画」の中で、太陽発電衛星を造る計画も入っているので、これから軌道上実験機はやっと実現される予定であるが予算がまだ確実になっていない。そうしたら、日本は世界をリードする。

陽発電衛星により充分に安く電力を供給するために、宇宙までの輸送費は現在の百分の一くらいまで安くする必要がある。従って、宇宙旅行産業が発展することにより、太陽発電衛星が地球の大事な電源になることを可能にすることができる。そして、先に述べたとおり、宇宙旅行以外の大規模な市場は、今まで考えられてこなかったのである。

ＳＰＳの技術の複数の使い方がある。一つとして、宇宙でそのまま電力を使うことが考えられる。ＳＰＳが地上に供給する電力の値段が地上での電力と同じになれば、軌道上で使われる電力の値段は地上の四分の一くらいになる。なぜなら、衛星の送電アンテナと地上の広い土地を使う受電アンテナ（レクテナ）の費用はＳＰＳシステムの半分くらいで、無線送電システムの送電効率は五〇パーセントくらいだからである。これらの事実を考えれば、電力を大量に使う製造活動の場合、軌道上でおこなうことでビジネスチャンスがたくさん出てくるのではないだろうか？　最初に宇宙に使われる製品はおそらく、ＳＰＳや宇宙ホテルの部品をアルミ、シリコン、ガラスなどでつくることだろう。その後、宇宙で製造する製品の範囲はだんだん広くなり、無重力でしかできない金属の泡（後で説明する）を製造したりして、いずれこれらは地上でも使われるようになるかもしれない。

明るい未来の可能性

スペースコロニーや月面都市や小惑星と彗星での鉱業のような将来の可能性は、技術の面で可能で、ＳＦでもノンフィクションでも数十年前から説明されている。しかし、本当に現実的かどうか理解するために、経済的な可能性も調べなければならない。すなわち、プロジェクトの費用と売り上げを見積もる必要がある。宇宙旅行のための輸送費が劇的に安くなると、こういった可能性は、ほとんどの人が思うより実現しやすくなる。現在の世界経済の悪化による苦しい状態は、知識不足のためではなく、進むべき方向を見失っているから起こっているである。産業化でつくった文明は、車が泥の中でタイヤをスリップさせるように、一所懸命もがいているが一向に前に進まないような状態である。現在のメーカーは昔に比べて、ノウハウは遥かに多く、技術的にも優れているが、具体的な計画がなければ動かない。彼らの高度な知識を使って、一般の人に人気のあるサービスが提供できなければ、ビジネスは低迷し、圧縮される。そして、政府の予算に依存する活動は、政府の膨らんでいる赤字により、現在はどんどんカットされ、制限される傾向にある。

「失業が多い時代に、宇宙旅行は実現できない」という話には矛盾があることを理解してほしい。失業しているのは何もできない人だけではない。先進国の航空宇宙産業で働く人数は、冷戦終了後から今まで少なくなっている。そして、戦争と防衛の支出がなければもっと少なくなるのである。一方で、大学で航空宇宙工学を勉強したいと考えている多くの若者がいるが、卒業しても就職先が少ないため、入学生は少ない。その理由は簡単。宇宙産業が一般の人たちが望むサービスを供給していないからである。

この平和的で豊かな将来のビジョンを実現するための宇宙旅行の計画を推進する人たちに予算を与えるための想像力と自信をもった指導者が必要である。「次元のちがうだいたんな政策」を実行したいと述べている安倍総理大臣はどうだろうか?

この本で説明されている魅力的な将来は二一世紀の正しい可能性である。人類の英知は歴史の中で最高レベルになっている。これを使って大勢の人が望むサービスを供給すれば、非常に明るい将来をつくることができる。現在の世界中の深刻な経済的、政治的、社会的問題を解決するために鎖国的世界イデオロギーの代わりに、オープンワールド(開かれた世界)的イデオロギーの哲学を使わなければならない。今は人類の歴史の中で最もエキサイティングな時代への扉を開ける寸前の状態であり、扉を開けるのに足りないのは、ビジョンと勇気をもつ指導者だけである。

将来の宇宙技術

宇宙のビジネス活動の範囲を広げるきっかけは、宇宙ホテルをつくることによって、多くのさまざまな製品やサービスの宇宙における市場をつくることである。スペースバスと観光丸を使ったとしても、軌道上に一キログラムのものを運ぶのに二万円はかかるので、宇宙ホテルでの水一リットルの値段は二万円になる。

太陽の軌道上に残っている彗星の残骸には、多くの氷の存在が確認されている。天文学者は、月には数十億トンの氷があると信じている。あるエンジニアは、この氷を地球軌道まで運ぶためのシステムを設計した。一リットルの水を二万円以下の値段で売ることができれば、充分ビジネスとして成立すると考えられる。通常、水はそのまま水として使うが、太陽電池から電気分解によって酸素と水素をつくることができる。酸素はホテルの空調に使われ、水素と酸素はロケット燃料に使われ、ホテルでは軌道保持のための推進材として使われて、宇宙旅客機の燃料としても使われる。水素と酸素は燃料電池の燃料として発電にも使え、さらにまた水として再利用できる。従って宇宙で太陽光発電を使って、水、氷、酸素や水素を売買できれば、大きなビジネスチャンスになる可能性がある。軌道上ホテルの数が増えるに従って、水の需要もどんどん増えるだろう。このビジネスは、一度始まれば、何十年間は成長すると考えられる。

同じように、ホテルに複数のサービスを提供するために、多くの企業がさまざまな競争を始めることになる。サービスとは、例えば、ホテル内外のメンテナンス、新鮮な食物の栽培、新鮮な魚の飼育や、ほかの軌道上の施設に行くための軌道上タクシーやバスなどである。宇宙での活動は地上に対しても、設計、開発、経営、マーケティング、保険などの雇用を増やす。これらの軌道上サービスは、地上の航空、建設、石油産出、コンピュータなどのサービスと同じように、規格や資格などを定め、それを取得するために訓練するトレーナー、カリキュラムも必要になり、これもビジネスになる。

どのスポーツも無重力でやれば面白くなるので、たくさんのスポーツが考えられる。軌道上スポーツセンターに行く人はプレイヤーあるいはファンとして行くことになる。そして、これらのスポーツによって、プレイヤー、マネージャ、コーチ、イベントマネージメントなど広範囲の違う仕事が生まれる。

ホテルは、数と規模の成長によって、建設会社以外の専門企業の仕事が生まれる。例えば、無重力の水道システム、下水道システム、空気清浄と健康を維持するためエアコンと環境維持システム、スリップリングなどホテルの非回転部と回転部の接続部、スタジアム建設機械、人の移動システムなど。これらの仕事の本部は地上になり、軌道上の人数の数倍の人が働く。研究者とエンジニアはすでにたくさんの宇宙ビジネスのアイデアを用意している。

宇宙旅行産業がよく成長すれば、このアイディアの実現はまた複数の新しい産業を創出するので、先進国で大勢の人を雇用する。近い将来でも、それに狙っている研究開発の仕事は、現在の宇宙活動より先進国の失業を減らすことができる。費用が安い国の競争に対して生き残るために、先進国のメーカは他の国でまだ造れない物を最初に開発して、製造する必要がある。当たり前だが先端技術と科学知識は先進国の得意で、その利用は宇宙旅行産業の展開にならなくてはならない。

読者が「宇宙エレベーター」や「無重力用３Ｄプリンター」について聞いたことがあるかも知れないが、次にまた三つの将来に重要になる宇宙技術について説明する。宇宙旅行産業が大規模になれば、これはまた三つの新しい産業になれる。宇宙産業の開発した技術が優れているが、これから航空産業と協力して、こういう経済成長に貢献するプロジェクトの実現に応用すれば、先進国にある工場の雇用する人数はまた大いに増えるだろう。

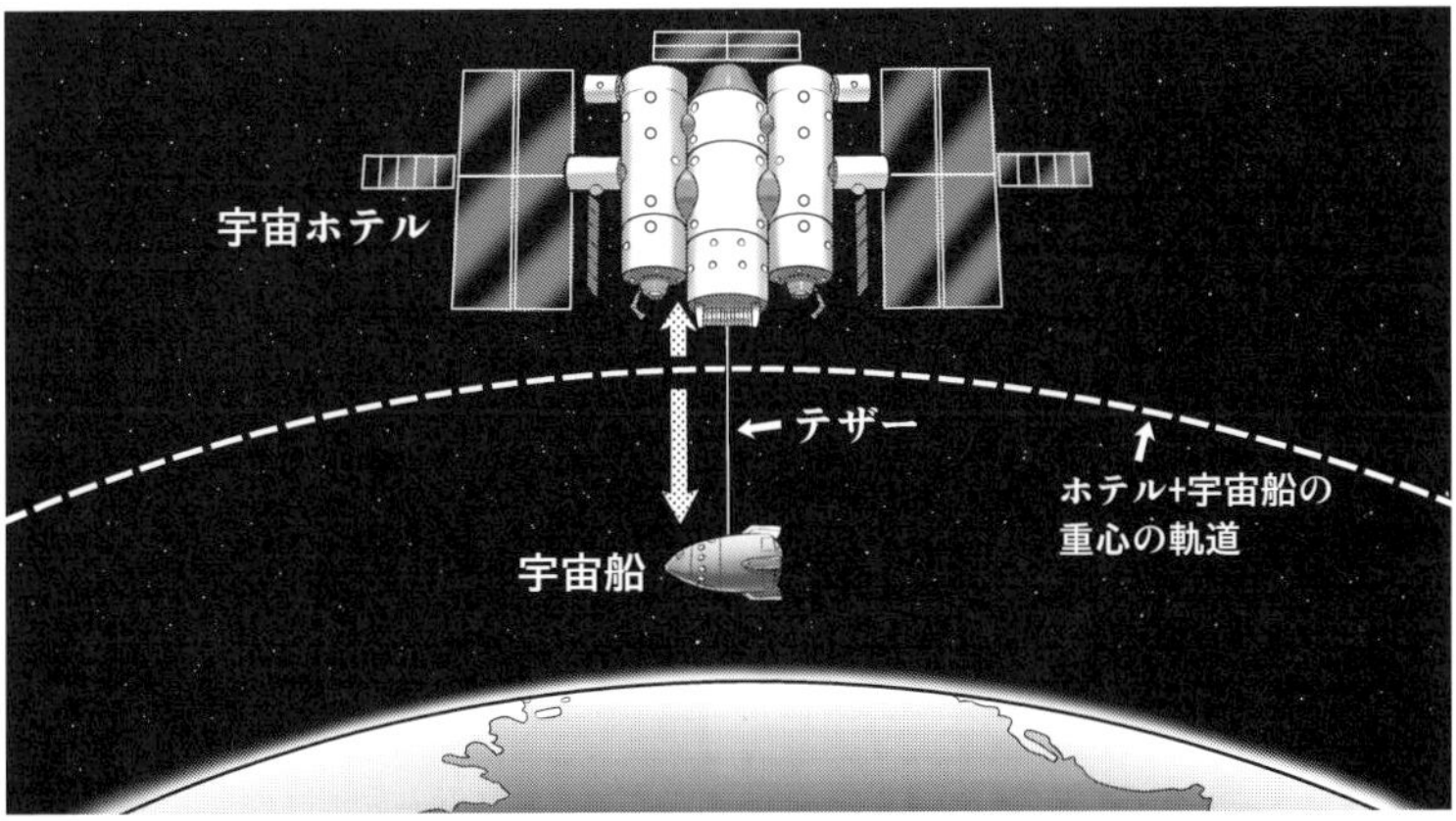

スペーステザー

①スペーステザー

〝スペーステザー〟とは、数十キロもある長いカーボンファイバーのような人工繊維のケーブルである。これを使えば、ホテルと輸送機の間の運動エネルギーの交換を利用した輸送システムとして、推進材の節約ができる。ホテルから出発する輸送機をテザーでつなげば、高度が下がるに従ってテザーの長さによって張力が強くなる。このテンションは輸送機を上へ引っぱって、ホテルを下へ引っぱり、重心は同じ軌道上を通る。

テザーを離すと、ホテルはもっと高い軌道に移動し、旅客機はもっと低い軌道に移動し、落ちながら大気圏の上部に入り再突入する。これによりホテルと旅客機は推進材を節約できる。旅客機は減速のための推進材を使わないで済むし、ホテルは軌道を上げるための燃料を使わないで済む。

同じテザーを使えば、輸送機をより高い軌道まで送るか、月まで送ることができる。そうするとホテルは、シーソーのようにもっと低い軌道に乗り、輸送機が低い軌道に行くと、ホテルの軌道は高くなる。また、車輪のように回転しているテザーを使えば、輸送機は軌道をフレキシブルに変えることができると専門家は設計している。

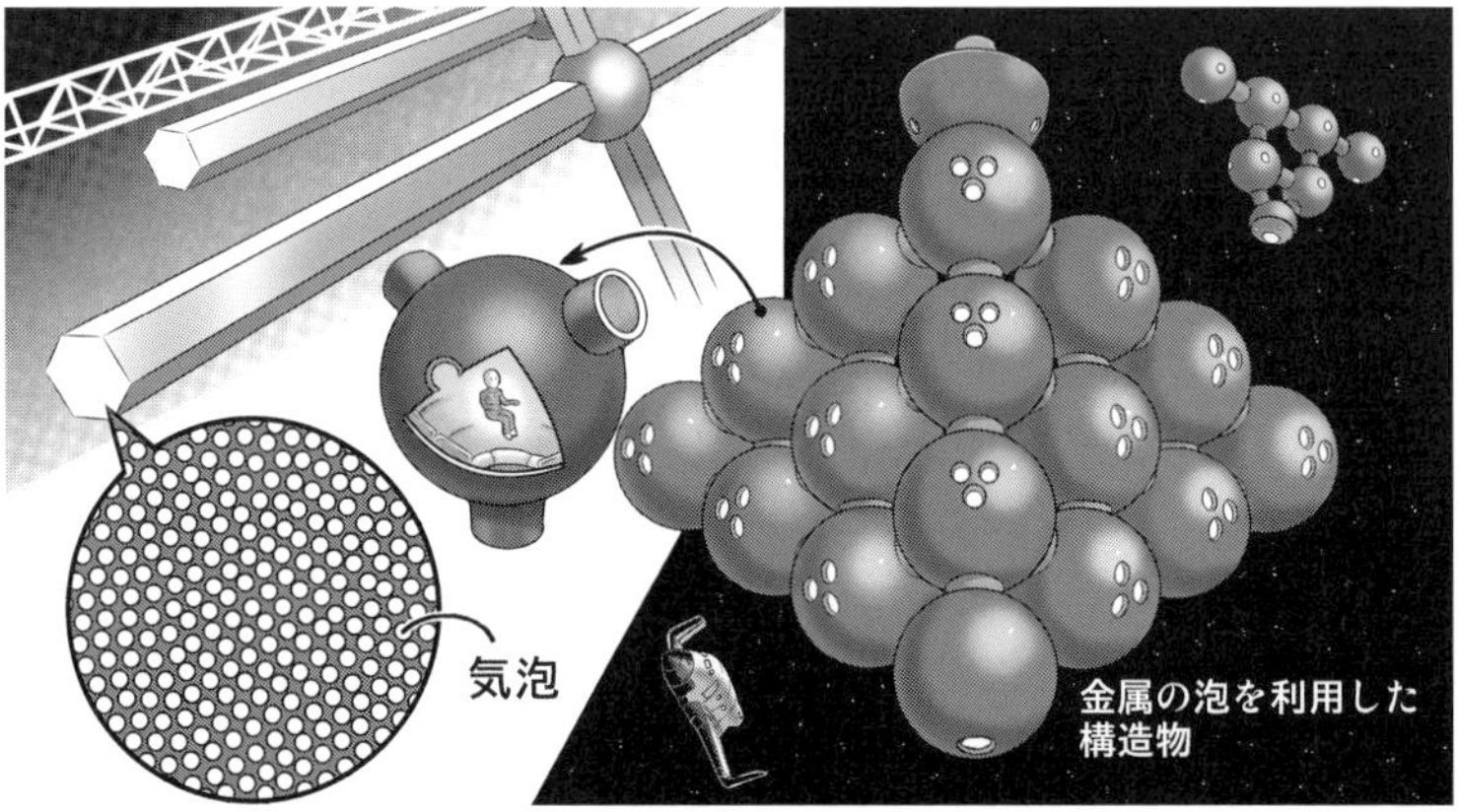

金属の泡

②金属の泡

もう一つの魅力的な可能性は、無重力状態で金属の泡をつくることができることである。地上で溶けている金属にガスを入れても、金属が重すぎるため小さい泡しかほとんどつくれない。しかし無重力状態では、金属でしゃぼん玉のようなものをつくることができる。将来、この方法で軽くて強い合金の柱を造ることができるだろう。例えば、数十平方キロの太陽電池パネルを使う太陽発電衛星のような大規模の構造物の梁などを、長さ数キロの材料でつくれるかもしれない。

また、金属の泡を風船のように一つずつつくれば、大きい泡は輸送機やホテルの部屋の部分に使うことができる。広い真空状態では泡のサイズは無限で、技術が進めば、長さ数百メーターのスタジアムでも造れるようになると思われている。断熱材、電力、ライト、エアコン、座席などの装置をつけることで、スポーツスタジアムなどをつくるビジネスになれる。

他の研究者によると、直径数キロの地上用ドームシティをつくるために、軌道上で金属の泡のドームをつくり、それをさかさまにしてフリスビーのように再突入させることができる。

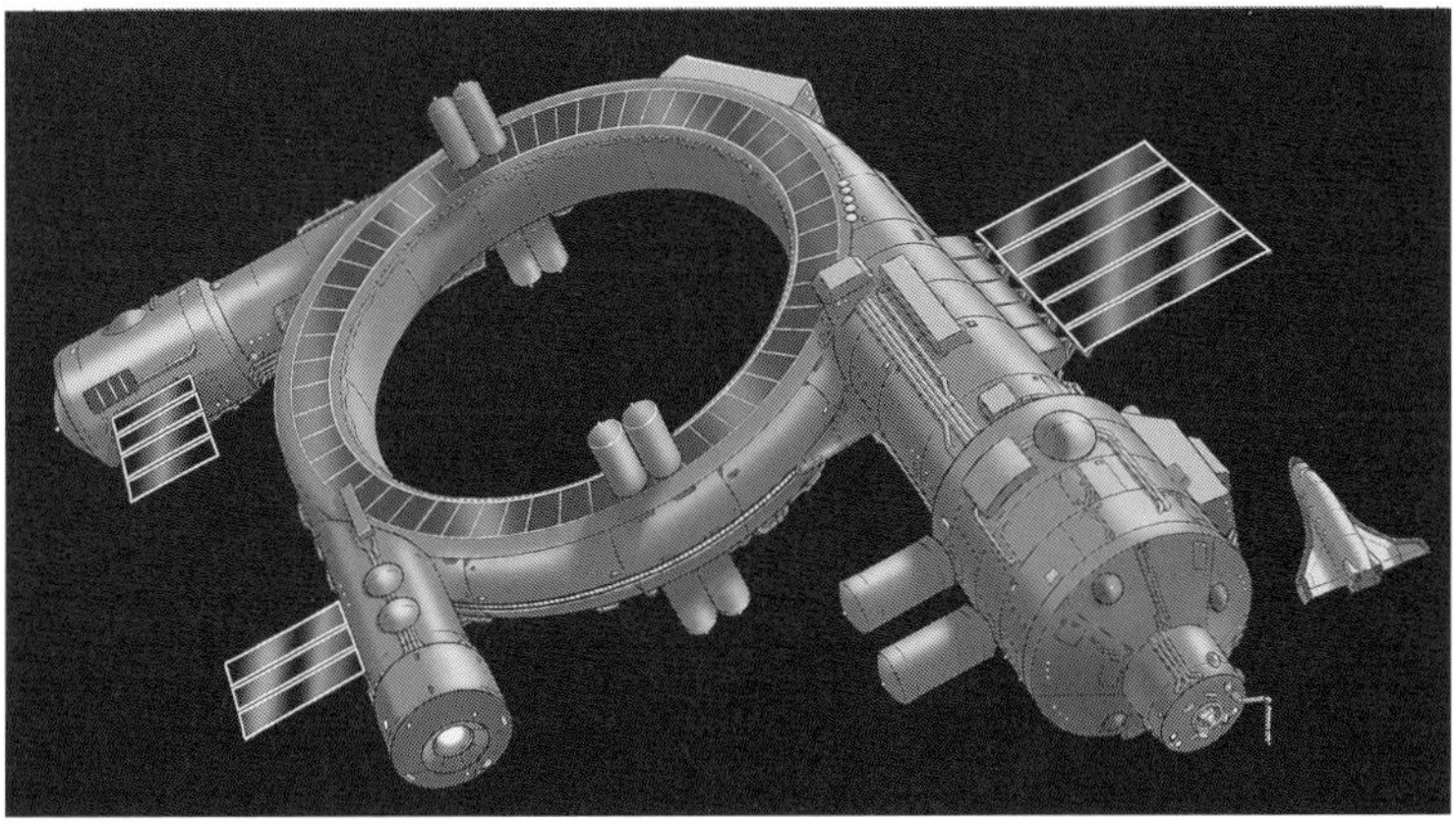

物質分解装置

③物質分解装置

軌道上の真空と無重力状態では化学分子まで精製できるため、質量分析器のような巨大な機械をつくれば、新しいビジネスチャンスになる。材料は質量分析器の中でイオン化し、強い磁場を通って静電気で加速する。違う原子とイオンの道は質量によって異なるから、違う化学分子が正確にわけることができる。無重力でこのような機械を直径百メートル以上につくれば、分析だけでなく、大量に扱えるので、非常に純度の高い材料を精製できる。その方法でつくられる材料は近年どんどん進んでいるナノテクノロジーの製造などに多いに利用される。

このようなアイデアはすでに研究が進められている。加えて、現在では予測できていない新しいビジネスは数多くあると思われ、それらが出てくれば、新しい「産業革命」になる。最初の産業革命のように何百万人の新しい仕事をつくって、富を増やすことができる。ヨーロッパからアメリカへの移民は貿易によりヨーロッパへの便益をもたらしたように、これで宇宙だけでなく、地上の生活にも多くの便益をもたらすことになるだろう。

7章

宇宙への進出

［「スペース・ルネッサンス」という考え方］

スペース・ルネッサンス

二一世紀初頭の現在、人間の文明は不安定な状態に陥っている。しかし、私が提案するこれらの便益を理解すれば、宇宙旅行産業を成長させることができ、社会にとてつもなく大きな貢献をするであろう。新産業不足のために長い不況に低迷している先進国にとって、このような便益は国家の自信を回復させる。そうなれば、今現在は解決が難しいさまざまな問題も解決することができる。

宇宙旅行産業により成長する宇宙活動は、近年は「産業クラスター」ではなく「新産業のスーパークラスター」になると思われ、いつまでも地球外での無限の経済成長を可能にする。もちろん、地球環境を悪化させることもない。人間の活動の歴史の中で、この展開の重要性は、有名なかつて欧州で発達したの〝ルネッサンス〟に相当する。

Column

妊娠している地球の類似

Space Renaissance International（ＳＲＩ）の会長のアドリアーノ・オティーノ氏は、二〇〇八年に「地球は病気ではなく妊娠している」という本を出版した。この本のテーマは、おそらく世界中で最も前衛的で建設的で、一番価値の高いアイデアだろう。二一世紀初頭の現在、人間は複数の違う危機に直面したが、各危機の解決は難しい。複数の評論家によるとほとんどの人間の生活は、ここ数十年中に生活状況でも政治の面でも悪化すると言われている。世界中の人口はますます増えて、地球の限られている資源の需要は今も増え続けている。産業の成長のために、地球の生態学システムが、自然のリサイクル能力を発揮する限界に近づいている。しかし、社会の中で失業は最大の問題なので、世界中の政治家は消費を増やすような政策を行っている。経済開発、農業、都市化のために、いろいろな動植物の絶滅という悲劇を拡大させている。

政治界の危機もあり、政治界の指導者はこのようなものを解決するアイデアが足りなく、過去よりもっと崩壊状態になっている。国際法を無視し、昔からの人権を廃棄して、そして、強く野党に反対されるわけでもない。このため政治界の国民の信用が弱くなるので、良い人材が政治家になろうとする人も少なくなるという悪循環に陥っている。残っている指導者は、〝資源戦争〟、偽りの情報、社会的な鎮圧など、悪い方向に指導している。

この暗くなっている環境で、〝妊娠している地球〟については、初めて聞いたときは奇妙に思うかもしれないが、非常に役に立つ概念である。人間が地球上に作った文明は、病気ではなく妊娠している状態であるという発想である。赤ちゃんである地球外文明（宇宙文明）が生まれることになれば、母である地球の文明は、今の悪い状態から治ることができる。そして、この子供は最終的には親を超えるかもしれない。著者が説明しているようにこのアイデアは、たくさんの現代の問題を深く説明し、そして解決法も示している。この誕生を上手に支援すると、結果は妊娠する前の状態よりとても良くなることが、よく説明されている。若い夫婦が一緒にいるだけでも幸せであるが、子供を生むことで、もっと幸せになり、新しい可能性が出てくることとよく似ている。

同じように、広大な宇宙に人類の文明が広がれば、地球の生態学システムの外で非常に広い範囲の活動ができるようになる。地球に近い宇宙資源の利用を容易に行えるようになることによって、経済的な問題が解決されるだけはなく、現代の〝モダン〟と呼ばれる都市化において、学力低下、ドラッグ、ポルノ、低俗なテレビ番組などに流されたり、空虚的な商業文化を治すために、人間は宇宙までのドアを開いて、少しの努力によってこのすばらしい可能性を永遠に続けることができるようになる。

このアイデアを利用して努力すれば本当のルネッサンスが世界中に広がることが期待される。

イタリアのルネッサンスの最盛期以後、世界中の文化は戦争により悪化したので、現在の文明にとっては新しいルネッサンスが花開くことが望ましい。

この本でアドリアーノ・オティーノ氏は、現実的な宇宙での未来について、他の作家がこのことについて書いたことや、フィクションもノンフィクションも使って宇宙での経済発展までの段階を説明している。また、宇宙での経済発展について、政府の宇宙政策ができていないため、これからの大規模な経済発展の方法を説明している。

もちろん、どんなアイデアでも万能薬はなく、〝妊娠している地球〟のアイデアだけで人間が将来成功するとは言えず、他の重要なアイデアも合わせて必要であるが、人間が幸せになるためには、こういったアイデアは必要条件である。そして、人間が宇宙の資源を使うことができなければ、良い未来は来ない。これを実現するために低コストの宇宙旅行サービスが必要になる。私はこの本を推薦し、たくさんの人に読んでほしいと思っている。是非とも、このイタリア語の本の翻訳版が日本語、ドイツ語、英語、フランス語、スペイン語、中国語など世界中で出版されることを期待している。

スペース・ルネッサンスの政策

スペース・ルネッサンスは特にミサイルに乗るという時代遅れの、誤ったアイデアとは基本的に異なる。近年、発展途上国の低コストの競争を余儀なくされているために、先進国に利潤を得るビジネス活動は難しくなっている。それとは対照的に、宇宙旅行を実現するために輸送機とシステムの開発が大きな新産業になるにつれて、先進国に経済成長のたくさんの機会をつくる。

もしこのシナリオの通りに成功する確率が一パーセントだけだとしても、上記の便益はこれほどまでに高いので、世界中の政府が毎年、少なくとも、この実現性の研究に宇宙局の予算の一千分の一のみの数十億円の支出をするべきである。このプロジェクトに何も投資しないで、世界中の政府が利潤のない宇宙活動に毎年数兆円を支出し続けることの意味は、宇宙開発の予算は経済に貢献するために使用されていないことの証拠である。経済政策の責任者にとって、政府の決める宇宙技術開発より国民のための商業サービスの方が経済成長に大いに貢献すると考えることは当り前であろう。したがって、宇宙政策を決めるために、独占的な宇宙局のアドバイスだけを聞いていては、経済に貢献する政策はつくれない。

欧州のルネッサンスでは、各国の指導者が大学や学校で昔から教えている内容に重要な誤りが含まれていると認識することは大切であった。スペース・ルネッサンスもその点では同じであり、現在の宇宙開発についての考えは、基本的な誤りに基づいている。事実上、政府が現在行なっている宇宙活動より、他の活動の方が遙かに経済的価値が高い。通常のビジネスと同様に宇宙分野でも、国民の買いたいサービスを提供することが継続的経済成長のカギであることを理解して、受け入れるまでにあと何年かかるのか？　この誤りを早く理解して正す国は便益を受けることができるようになり、この事実をずっと拒否して使うことに抵抗する国は損することになるだろう。

スペース・ルネッサンスはすでに始まっている

もうすでにスペース・ルネッサンスは始まっていると言ってもよいだろう。著者と同僚は、二五年前から安価な宇宙旅行産業が可能で有望だと述べているが、二〇〇四年に行った「スペースシップワン」という米中小企業のスペースプレーンの宇宙までのサブオービタル飛行の成功は、このアイデアの証拠になった。そのときから、複数のエンジニア、事業家、会社などは宇宙旅行産業を創出するために努力して、最近この活動の増加はいろいろな国で加速している。

重要な変化の一つは、米政府の航空局（ＦＡＡ）が、宇宙旅行が航空産業の新しいサービスとして発展するように準備していることである。ＦＡＡの安全基準に基づくスペースポート（宇宙空港）の免許をつくり、宇宙までおよび宇宙からの便が航空交通管理システムに合わせるルールもつくっている。そうするために、すでに千ページのレポート、ガイドライン、規制などを出版している（faa.gov 参照）。それらのレポートの代表的なタイトルは「サブオービタル型宇宙旅行用航空路の決め方について」、「宇宙旅行の乗務員の訓練の基準について」「宇宙旅行産業の設立への資金の源について」などである。ＦＡＡは航空活動の長い経験を使って、サブオービタル宇宙旅行サービスができるだけ安全で成功するように働いている。

ＦＡＡは、二〇〇二年に基準や規制などのルールのドラフトを作り、コメントを募集したが、ほかの国はこのことに関心がなく、反応もまったくなかった。従ってＦＡＡは独自でこのルールを作ったのである。このようにＦＡＡは他の国より早く必要なルールなどを用意したので、これから他の国も宇宙旅行を始めるのであれば、同じルールを使ってほしいと言っている。ある程度の国際交渉は必要かもしれないが、世界中の宇宙旅行産業のルールは基本的に同じになるので、国際協力は効率的におこなえるだろう。

そして、アメリカの航空産業は世界で一番大きいので、多くの国の航空産業のルールはＦＡＡのルールを翻訳して使用されている。従って、多くの国にとって、宇宙旅行産業についてもＦＡＡを真似ることが妥当で効率的であろう。

しかし、産業規模で考えれば、宇宙旅行産業で先を行くアメリカの航空宇宙産業でさえもまだまだ本気で宇宙旅行を全力で実現しようとしていない。何よりもアメリカの金融界が宇宙旅行産業の実現のために投資をしていないので、これまでの活動はまだまだ小規模なものにすぎないのである。

現在、サブオービタル型宇宙旅行サービスを実現しようとしている会社の中で、一番進んでいるのはヴァージン・

ギャラクティク社及びエックスコア社である。ヴァージンの六人乗り「スペースシップ・ツー」はすでにテスト・フライト中であり（virgingalactic.com 参照）、エックスコア社の二人乗り「リンクス」のプロトタイプは製造中である（x-cor.com 参照）。

二〇世紀の初旬に飛行機の開発が米国で始まった歴史があるが、現在のウォール・ストリートの金融機関はこの宇宙旅行産業の創出という魅力的なイノベーションよりマネー・ゲームに投資する方が好きらしい。スペースシップ・ツーとリンクスの会社は米国にあるが、このプロジェクトの主な投資者はイギリスとアラブ共和国、および韓国とオランダからのものになっている。

サブオービタル用宇宙輸送機の開発にチャレンジしている他の会社としては、アマゾン社の創立者の（blueorigin.com 参照）、およびマステン社（mastenspace.com 参照）などがある。今後数年間でさまざまな会社が参入し、激しい開発競争が始まり、この開発競争に勝つ会社と負ける会社がしだいに明らかになってくるだろう。

このようなプロジェクトを援助するために、米国のいくつかの州政府は会社と投資者に補助金などを出している。サブオービタルサービスを提供するスペースポートが空港のように多くの新しいビジネスチャンスをもたらすことが期待されているので、カリフォルニア州、ニューメキシコ州、フロリダ州などでその設立と建設を支持している。FAAのホームページに掲載されている「商用宇宙活動の州政府の支援」というレポートにこの活動は説明されている。宇宙局のNASAでも、この活動に毎年数百億円の支援を行なっている。

欧州ではEADS社の「スペースジェット」及びダッソー社の「ヴェーラ」という大手企業のサブオービタル用スペースプレーンのプロジェクトが発表されたが、必要な資金はまだ調達していない。また、米国のように、中小企業もこの開発にチャレンジしている。前に紹介した「アセンダー」を開発している英ブリストル・スペースプレーンズ社（bristolspaceplanes.com 参照）やドイツのエンタープライズ社（talis-enterprise.de 参照）などもあるが、残念ながら投資者からの支持はまだ充分ではなく、資金調達が厳しい。

輸送機の開発以外でも欧州でスペースポートの建設計画はスウェーデン（spaceportsweden.com 参照）、スペイン、オランダ（キュラソー島）、フランス、スコットランド（spaceportscotland.org）などで検討されている。

世界初の宇宙旅行についての国際シンポジウムは、一九九七年にドイツのブレーメン市で開催された。その一九九九年の第二回以後、ほかのシンポジウムがだんだん増えて、現在米ＦＡＡ（faa.gov）とＩＡＡ（iaaweb.org）、日本のＪＡＡ（aero.or.jp）、イギリスのＲＡｅＳ（raes.org.uk）などの団体は定期的に宇宙旅行に関するシンポジウムを開催している。

上記の活動は以前よりたいへん進歩している。しかし、サブオービタルの活動の大事な目的は、軌道へ行ける旅客機の開発に貢献することである。残念ながら、「スペースシップ・ツー」の推進システムおよび形は、後で軌道へ行ける旅客機につながるように設計されていないため、新たな別の開発が必要になる。しかし、ブリストルスペースプレーンズ社のアセンダーというスペースプレーン・プロジェクトは、軌道へ行けるスペースプレーンの開発につながるように考えているため、「アセンダー」の開発が成功すれば、「スペースキャブ」および「スペースバス」の開発に大いに貢献する。しかし、残念ながらこのプロジェクトへの投資はまだ足りない。そして、軌道まで行ける輸送機を考えると、現在のソユーズなどのような使い捨てロケットのプロジェクトもあるが、先に説明した通り再使用型でなければ、乗客の費用は数億円以上になるので、大きい市場又は宇宙旅行ブームを生み出すことはできない。軌道まで行ける再使用型スペースプレーンの開発についてのニュースが、まだこんなに少ないという現在の状況は二一世紀の世界経済の重要な欠点だと言える。

軌道まで行ける旅客機がまだ開発されていないのに、すでに宇宙ホテルの開発は始まっている。ビゲロー・エアロスペース社の最初の実験モジュールはすでに宇宙で飛んでいる。また、二〇一三年の初旬にＮＡＳＡはビゲロー・エアロスペース社と協力してホテルモジュールを国際宇宙ステーション（ＩＳＳ）につないで実験として使う計画を契約したので、将来、乗客が軌道へ行けることになったら、宇宙ホテルは完成しており、泊まる場所は必ずある（bigelowaerospace.com 参照）。

最後に、複数の団体が宇宙旅行を推進している。コマーシャル・スペースフライト・フェデレーション（commercialspaceflight.org 参照）及びニュースペースウォッチ（newspacewatch.com 参照）はその代表的な団体である。もっとも大事のはスペース・ルネッサンス・インターナショナル（ＳＲＩ）であろう。なぜなら、ＳＲＩの目的を支持して、メンバーになった宇宙関係の団体の数は今まで九〇を超えた（spacerenaissance.org 参照）。これ以外にも、宇宙旅行のエキサイティングな可能性について、推進団体やブログや専門的なホームページなどたくさんあるので、皆さんには、これらを見て、現状を知ってもらえればと思う。

8章

日本の将来への貢献

［子ども達への明るい将来の道しるべ］

日本では？

次に、この宇宙旅行学の考え方を応用した日本への提案について話したいと思う。

前章まで、宇宙旅行の中長期的な発展が、雇用・経済・エネルギー・環境・教育・文化の衰退・資源戦争といった世界中の問題の解決に貢献することを示した。アメリカとヨーロッパでは、サブオービタルの宇宙旅行サービスを実現するための活動が、徐々に増加している。しかし、まだ全体的・長期的な計画はない。これに対して日本はどうすべきか？

日本の状況はほかの先進国と似ている。具体的に言えば、複数の産業の雇用は減っており、労働意欲のある多くの人々が失業しているか非正社員の状態である。日本の産業は進んでいるので、失業が多くても国民の生活水準は比較的高いが、社会の平等を守るためには福祉システムを改善する必要がある。実際、ほかの先進国に比べて日本政府はメーカーの保護には成功した。日本の政策は、ある程度効率が悪いと言われても、将来の安定を守るものだった。賃金の安い国からの輸入に頼るだけではなく、自国の生産能力の維持に努めて、メーカーを保護してきたのだ。

このため、日本のメーカーは比較的イノベーションがよくできているが、上記のように、近年は、太陽電池パネル、薄型モニタ、リチウム電池、カーナビシステムなどで台湾、韓国、中国、インドなどの会社に追いつかれている状況にある。そのため、ほかの先進国のようにもっと多くのもっと大きいイノベーションの必要がある。なによりも、二一世紀中に、大規模で長期的に成長し続けて国内雇用をずっと増やす新産業を創出しなければならないのだ。

高度成長期に日本は、価格競争にもちこむことによって、他の国との競争に勝利した。しかし、現在の日本は、生産性が高く、土地も高く、給料も高いので、当時と同じ戦略はもう使えない。現在は、発展途上国の各社が、価格競争によって日本を追い越そうとしているのだ。したがって日本は、この戦略ではなく、重要な新しい基幹産業の開発を最初にしなければならない。

日本経済はこの二〇年、長い不況状態だった。古い産業の過剰供給は、デフレとなって会社の経営を圧迫している。政府は失業対策として公共工事に毎年何兆円もの税金を投入し続けている。このような状態は「失われた二〇年」と呼ばれている。無論、この問題は究極的な新産業不足のためであり、状況は悪化している。

各国の文化はそれぞれ異なり、長所と短所がある。興味深い例として、一九九七年に起こった大韓航空の航空機事故をみてみよう。ボイスレコーダーを分析した結果、最初に危険を察知した副パイロットが、上司であるパイロットに誤りを指摘できなかったことが判明した。「尊敬」のレベルの強さは国によって違う。人間関係の研究によると、韓国や日本などは比較的強く、オーストラリアやイギリスなどは比較的弱いのだそうだ。

指導者が正しい方向に指導する限り、指導者への尊敬の態度は長所となり、進歩は早い。しかし、指導者が悪い方向に指導した場合は、誤った方向を正すのは困難で、できたとしても多くの時間がかかる。一般的に、地位が高いとされる人は、下からの意見に耳を傾けにくい傾向にあるからだ。したがって、この尊敬の文化は、政治や経済が平和で安定的な状況下では強いが、不安定な状態では弱いのである。

これは現在の日本ではないか？　冷戦下の数十年間は安定的な状態であり、日本経済は短期間で大きく成長した。その安定的な時代が終わった後、日本における失業は長い間増え続け、社会に対してさまざまな悪影響を与えている。

経済的観点から、日本は長期的成長の基盤になり得る新しい産業を見つける必要がある。本書では、宇宙旅行産業こそが、この新基幹産業としていちばん有望なものであることを示している。なぜなら、日本のメーカーの得意とする信頼性が高い精密工業、メカトロニクスなどが中心で、何十年にもわたって成長し、月面まで拡大する可能性が充分あるからである。これを始めるために最初に必要な投資はわずかであり、一般の国民、特に若い人達を中心に非常に人気になる可能性が高い。こういった背景を前に、宇宙旅行産業を早く実現するために充分投資することは、政府として重要な政策になるはずである。

しかし、政府と企業の指導者たちは、この新産業の価値に対する認識が非常に遅れている。宇宙旅行サービスの開発について日本は、有識者と呼ばれる専門家たちの長年のアドバイスには従わず、異なる政策を行ってしまったため、二〇年もの年月を失ってしまった。日本の社会において、高い地位にいる人は、自分と異なるアイデアをもつ自分の部下の意見を受け入れることをあまり好まない。失われた二〇年による高い失業率と多くの問題の発生をみればよくわかる。これは、ヨーロッパでのルネッサンス期以前の天動説と地動説の一件でも同じことが言える。日本の歴史でも似ている前例がある。

一八五〇年代後半の徳川幕府は、先端技術と能力をもつ西欧諸国の殖民地になる脅威に対して、自国を防衛するための新しい考えを受け入れることができなかったため、しだいに力が弱まり、明治維新が必要になった。この状態は現在の日本とよく似ている。宇宙旅行サービスの開発は、日本にある大事な問題の解決に大いに貢献する違いない。しかし、宇宙旅行サービスへの投資を決めるために、指導者は考え方を変えて、前例のないことをしなければならない。

これは避けられない事実であり、日本がこの必要な政策を推進できなければ、新たな基幹産業の創出は難しくて足りないだろう。もし、日本の新産業不足がもっと長く続けば、すべての問題はさらに悪化し、高い失業率で人口は減り続け、所得格差は広がり続け、貧困層をつくり、犯罪件数はますます増え、そして子どもたちのストレスは増え続けるだろう。ある評論家は、「これらは現代化の結果なので、避けられない」と言う。しかし、私はそうは思わない。日本は、この問題を完全に解決して、若い人たちが明るい将来像に強い希望をもって、やりがいのある仕事がある平和で公平な社会をつくり、日本を再生できると信じている。

日本は今まで数十年にわたって悪化し続けている問題を解決できずにいるため、国民は政府の指導者の考え方が狭いということを徐々に認識するようになっている。国民に経済状態の悪化を解決する方法を示し､説得できない限り、支持率は落ち続ける。日本の政府と企業のイノベーションに対する保守的な性質は弱みになる。一九九〇年代、この分野の先駆けであった日本人研究者の研究成果は世界一であったが、既得権益に抵抗され、予算はおりず、いまだに計画は進んでいない。

下記で説明するように、サブオービタル形宇宙飛行サービスを開始するまでには五年を有するので、日本でもできる限り早期に着手した方が得策と言える。宇宙旅行の研究は日本で進んでいたが、今までの時間の浪費は日本にとって多大な損害であった。ほかの国は日本に追いついてきている。

先進国の悪い潮流に加え、日本社会の「失われた二〇年」中に悪化したマイナス面もあって以下に示す。

【無効な公共事業のための膨大な借金】

政府と自治体が数十年にわたって膨らませてきた借金の本来の目的は、経済を活性化して、失業率を減らすことだったが、短期的な雇用をつくることに終始してしまったため、予算を使い切ってしまった。多くの公共工事を含むこの活動は､商業活動として続けるための利潤を充分に得ることはできなかった。この投資分を回収できなかった結果、政府には一千兆円もの膨大な借金が残ってしまったのに、失業率は数十年ぶりに高い！

【少子化】

現在、日本では少子化が進み、大都市に住んでいる子どもは全国平均より少ない。兄弟が少ない親たちは、協力して子どもを育てることの経験がないため、子どもがますます少なくなるという悪循環に陥っている。人口の減少は経済を弱体化させ、政府の財政赤字を増やし、年金システムまでをも弱体化させている。

【自殺】

日本の自殺率は世界一と言われている。なぜ、日本の社会は国民に対してそんなにストレスを与えてしまうのか？さまざまな原因が考えられるが、経済活動の低迷による生活の苦しさが大きな要因のひとつであろう。

【フリーター】

数十年前に比べて、日本人の生活水準は平均的に高くなり、経済は発展してきた。しかし、低賃金のパートタイムの労働人口が急激に増えたため、日本社会は以前より不公平になり、「格差社会」と呼ばれるようになってしまっている。

【ワーキング・プア】

失業と深い関係のある問題として、ワーキング・プアや非正社員の増加がある。長時間働いても賃金が低いため、多くの日本人が結婚し、子供を育てることをしなくなっている。もちろん、これは少子化問題を悪化させている原因のひとつである。

【受験戦争】

就職が困難になったことで、子どもたちはよりよい学校に行くために多くのプレッシャーが与えられてしまっている。しかし、子どもの育て方として、部屋の中で教科書に書かれていることを覚えるより、外で友達と一緒に遊んだり、冒険をしたりすることの方が、価値が高い活動である。

【引きこもり】

両親からの強い期待によるプレッシャーに耐えられなくなり、仕事や将来のことなどをあきらめて自分の部屋に閉じこもる子どもたちが、百万人に達したと言われている。彼ら自身が、自ら好きなことを見いだし、引きこもりから抜け出すには、数年かかるケースもあるという。

Column

日本人よ、また東へ！

数万年前の大昔。人間が北アフリカから世界中へ広がったことは考古学者が理解してきている。その時について想像すれば、海と砂浜のそばに住んでいた人達が、次のような経験を何回も何回も繰り返しただろう。ある時、状態が悪くなり住みにくくなった。たとえば、人口が増えたり、食べ物が探しにくくなり、隣の人たちと戦うことなどである。それにより、時々、家族か友達は引っ越すことを考え、ここより良い住まいを探しに行こうと考えただろう。ある人は川のそばに内陸へ旅した。他の人は海のそばに移動した。地球儀をみると、日本はアフリカから一番東なので、合理的に考えると、日本人は、昔からいつも東へ東へ移動した人の子孫だと考えられる。能力がもっと上がれば、ボートを造ったり、海面が下がることにより湾や湖、川を渡ることができた。最初は、北アフリカから中近東に歩いて移動し、それからパキスタンの海岸を通ってからインドを周ってバングラディッシュ、ミャンマー、マレーシア、タイ、ベトナム、中国と韓国に行き、最後にもっと東へ行った人達は日本海を渡って日本に住むことになった。（ただし、別の流れとして、シベリア、アラスカ、北米と南米まで行った人達は別の民族になった）。さあ、その時がまた来たではないか？！　今回は世界中で人口が増えたことにより、人口密度の問題がまた始まった。技術開発のお陰で、たくさんの人の生活水準は高いが、貧しい人はまだ多くいるし、ある資源についての奪い合いは始まっている。ある場所の汚染のために病気になっているし、お金持ちの国の「資源戦争」のための新しい兵器は世界中の脅威になっている。だから……日本人がもう一回東に行く時が来たのだ！

ゆっくり考えると合理的な良いアイデアだと思う。なぜなら、軌道まで行くために東に行く方が一番、他の方向より効率的で行きやすいからである。地球は西から東に回転しているので、赤道近くに住んでいる人は時速千キロより速く東に動いているので、東へ打上げると燃料を節約できるのである。

従ってまた、喜んで、最後にもう一回、東へ！軌道で住まいをつくったら、宇宙の無限の資源を使うことができる。それにより、もっと東に行くことは必要なくなり、東に移動した人類の長い歴史は終わることになる。もちろん、軌道上の施設をつくるためには、高級、高信頼性、先端の機械とメカトロニクスの開発など多くの仕事が必要であるが、日本はこの分野は得意であり、そして宇宙旅行サービスは人気になるので、負担ではなく、利潤を得る新産業になる。

さあ、東に行こうよ、宇宙へ！

全体として、日本人の子どもたちが体験できる物事は年々狭くなってきている。昔の子どもたちは、自分たちだけで遊ぶだけでなく、ボーイスカウトの参加や、将来役立つそろばんや裁縫などの習い事をよくしていた。現在はその代わりに、塾に通ったり、テレビを見たり、コンピュータゲームに興じることなどで忙しい。最近の工学部の学生の中には、入学までにドライバーやペンナイフなど使ったことがない者もいる。若者たちが就く多くの仕事は、就職できても退屈で、給料はデフレのため減ってきている。そのため、若い日本人は自信を失って、野心を止めている。例えば、レジでアルバイトしている若者の多くは、お客さんの顔を見ようとはしない。しかし、彼らが自ら好んで選んだ仕事につくことが確信できない今の社会情勢では、自分に自信がもてないことは仕方がない。

この悲しい傾向の中で、日本社会の悲しい現状のために一番苦しむのは若い世代なので、若い人達には新しい志が必要である。明治維新以降、産業化による日本の経済成長は、高い志によるものだった。しかし、高い生活水準が常識となった今、既存の経済システムでは仕事が足りなくなっているのは事実である。

日本経済を再生しない産業

宇宙旅行産業の便益を論じる前に、日本経済を再生、すなわち数百万人の雇用創出と新たな志を生む新産業としてはあり得ない活動について理解する必要がある。以下にその候補を列挙する。

まずは、これからも重要な産業として継続させるのに、建設の仕事があげられる。しかしこれから先、需要が二倍になり、企業が数百万人規模で新入社員を雇える状況に好転するような予測は現実的ではない。現在でも、数百万人の仕事を守るために、政府は毎年数兆円もの税金を公共工事に使用している。しかし、日本が先進国になってから、必要なインフラストラクチャーはほぼ整備ずみであり、ほとんどの公共工事は費用を上回る利潤を得ることができない。したがって、これからは建設予算を増加させるより、縮小する方向に向かうと考えられる。

近年、政府は発展途上国のインフラストラクチャーを建設するために支援することを発表した。たしかに、貧しい国の支援は日本の国際協力としてよいことであるが、いちばん優先的な活動としては考えられない。なぜなら、日本企業の国際競争を激化するからである。そのうえ、発展途上国でも現在の失業率は高いので、その国の国民は自国のインフラストラクチャーの建設に従事したいと考えており、日本人の雇用創出にはならないのである。

もう一つの問題として、日本の建設会社の海外におけるプロジェクトは赤字になりやすいという点があげられる。実際、外国での建設プロジェクトから利潤を得ることは難しいので、この政策のために日本経済が便益を受けるとは考えにくい。日本の建設会社が失敗して赤字を抱え、政府が救済措置を講じれば、財政赤字をますます増やす結果になる可能性も充分にある。

国内で新しい雇用を創出できない産業は他にもある。航空産業の国内乗客数は新幹線、バス、車との競争のために成長は難しい。空港のほとんどは赤字から脱却できない。国際航空に対してロー・コスト・キャリアー（ＬＣＣ）の増えている競争は、すでに日本の航空産業の雇用を減らしている。日本の航空会社はメンテナンスも外国で実施させている。スカイマーク、エアアジア、フジドリームエアライン（ＦＤＡ）、ピーチ、ジェットスターなどの安いチケットのお陰で、乗客数が増えても、売上高および雇用はそんなに増えないだろう。

自動車産業も家電産業も半導体産業も、韓国、台湾、中国などとの激しい競争にさらされている。これに対し、日本の企業はこういった国にも工場をつくり、おそらく将来的にも日本人以外の社員が増えることになるだろう。

Column

「Where there is no vision the people perish」「ビジョンのない国は滅ぶ」

二千年前、聖書を書いたある方は、人間の社会について上記の深い理解を持っていた。武田薬品の長谷川閑史社長は二〇一〇年のインタビューで「日本人の将来について新たなビジョンを持つ必要がある。なければ、日本の衰退が続くではないか」と述べました。確かに、日本を救える新産業について、時代に合う新たなビジョ

地球人はバカだね。
あのミサイルを
ロケットにすれば
宇宙の資源を無限
に使えるのに！
情けない。
どこでも戦争か。
みんな資源の
奪い合いだ！

ンが必要です。近年、若い世代が教えてもらっている将来のビジョンは全面的に暗いでしょう。まず、経済の長い低迷のために、たくさんの若い人の生活水準は両親より低くなります。世界中の人口の成長のための環境汚染はどんどん増えています。また、そのためのエネルギー消費の成長のために、「資源競争」は避けられないようになっています。

この暗い将来像に対照的に日本の明るい将来のビジョンを明らかにすれば、一番大きい疑問にも答えることができます：「将来、日本人は何をすべきか？」この本で説明している21世紀のビジョンは可能で、日本人と日本の優れている産業の特徴に合う。また、若い世代にも人気。経済の長期的な低迷から脱出するために、これよりいいビジョンはないでしょう。

「To Space, Not War!」「資源戦争より宇宙へ！」

このビジョンは「面白き、こともなき世を、おもしろく」という最高の憧れの詩にも答えます。日本人がこの面白い道に先駆しなければ、宇宙人から馬鹿にされますよ！

第二次世界大戦後、日本の航空産業が外国に抑えられてきたため、多くの航空エンジニアは車メーカーと電気メーカーで働くようになったと言われている。この二つの産業の大成功は、日本の二〇世紀後半の経済成長の中心的な推進基盤になった。しかし、この産業は成熟期に入っており、費用が安い国々がどんどん参入できるようになったため、日本国内の大幅な雇用増大は期待できない。もちろん、経済の重要な分野として続くと思われるが、現在の雇用規模と比べて、二倍になるような状況は考えにくい。

ある評論家によると、これからは環境保護と介護の分野で働く日本人が増えるという。たしかに、どの社会でもこの活動は重要であるが、新産業というよりは、日常生活に必要なものとして考えるほうが正しい。国が発展するに従って、これらの分野も成長するはずであるが、若い人たちに野心を生む新しい志となって、数百万人の新しい雇用を生むわけではないだろう。

さらに言えば、日本の古い産業は、国内で新しい雇用を生み出すことはできない。日本には本当に新しい産業の必要がある。この候補としては、数百万人の雇用を創出するだけではなく、何十年もの長い間、大規模に成長を続けながら、日本企業の競争力を守れる必要がある。

日本に必要なイノベーションの前例

日本に必要なイノベーションの前例として、ヨーロッパで発明されたピアノ産業の歴史がある。むろん、ピアノは世界中で人気になったので現在も数億人が楽しんで使っている。経済の観点から、ヨーロッパで約一〇〇〇社のメーカーができ、百万人もの人がこれに関わり、生産したり、ピアノの先生になったり、調律の仕事などをしている。ところが、戦後、名門ピアノメーカーの製造技術を研究した日本のあるメーカーが、ピアノを安く生産できるようになって、ヨーロッパの会社より安く造れるという生産性の高さをできて、ヨーロッパの会社のほとんどがだんだん撤退した。近年、メモリやコンピュータも導入され、ピアノは電子ピアノやシンセサイザーとして生まれ変わって大事な製品のひとつになった。

しかし近年では、中国の会社が進出し、日本のメーカーよりもさらに安く生産できるようになってきており、日本でつくるピアノはどんどん減ってきている。日本経済の再生を成功させるためには、既存の製品の製造費用をカットして安くするより、ピアノ産業を超えるような、長期的で大規模なビジネスになれる発明をして、新産業を生み出す必要がある。

もう一つの例はプラネタリウムである。これもヨーロッパで発明され、製品として生産されたが、近年、日本の電気メーカーでたくさん生産できるようになった。多くの日本製のプラネタリウムが公共工事として全国で発注され、多くのプラネタリウムも輸出された。小型のプラネタリウムは一般家庭用としても人気がある。もし、日本が、ピアノやプラネタリウムのような革新的な発明をすれば、一〇〇年以上、製造とサービスの雇用は増え続けるだろう。

既存の宇宙産業の弱さ

近年では新聞や雑誌などで、よりよい成長戦略の必要性についての記事がたくさん出版されている。内需拡大・産業クラスター・地域経済の活性化・財政再編・国家戦略・基幹産業などの表現が、政治家、官僚、経営者、評論家、記者などによって繰り返し使われている。しかし、この経済政策についての話の中で、有望な新産業についてのアイデアはまだ充分ではない。航空宇宙産業の専門家でも、宇宙旅行の可能性についてはほとんど話題にならない。この分野の成長の可能性はおそらく理解されていないのだろう。

二〇一〇年九月、政府は宇宙産業の代表と宇宙産業の活動内容について話し合い、毎年約三〇〇〇億円の補助金に対し、一〇年間で三兆円の投資に対する商用売上高として、年間で五百億円から一〇〇〇億円を目標とすることで合意した。通常、ビジネスの売上高はその資本より多く、セールスのマージンからローンを返済する。しかし、今回の合意内容はそれとは対照的で、宇宙産業が受ける投資に対して、セールスの増加はその数パーセントしかなくてもいいという政策である！　その上、宇宙産業に働く人数は一〇年以上へってきている。しかし現在の宇宙産業が経済成長に貢献しなくても、多額の補助金を受けることができるという構造は時代遅れて、間違っており、この歪んだパラダイムは早く正す必要がある。

宇宙旅行の意義を理解し、早期参加を

宇宙旅行産業に参加すると、どんな影響があるか考えるべきである。読者の皆さんも、日本の優れた能力とニーズと文化に照らし合わせて、宇宙旅行産業がちょうど適しているアイデアだとは思わないだろうか？

まず技術の観点からみれば、あたり前であるが航空宇宙の最先端技術が必要であり、先端的な材料が必要で、精密製造業をリードし、信頼性の高い製品をつくる必要性がある。幸いにも日本のメーカーの製造技術の信頼性の高さは、世界中で有名である。ただし近年の自動車産業については、ほかの国もがんばってきており、日本に追いつく勢いである。しかしながら、航空宇宙工学という分野については、発展途上国の会社の競争力はまだまだ日本のメーカーに劣る。従って、もし日本がすぐに着手すれば、日本のメーカーは発展途上国に対して、今まで通りリードを守ることができる。この観点から、宇宙旅行という新産業は日本の長所にうまく合っていると言える。

日本の今の状況と航空宇宙工学の実力を考えれば、日本のエンジニアたちは、ロケットエンジンやロケット輸送機、

小惑星イトカワの資源の持鉱

宇宙での暮らしについて、すでにたくさんのノウハウをもっている。その上、宇宙旅行産業の発展のために役立つ技術はすでに開発ができて、応用する時期になっている。例えば、太陽電池を使って発電して、水を水素と酸素に分解し、逆に燃料電池としてそれらを使って発電する機械もすでに開発されている。前の章で説明した通り、この技術は宇宙で重要な技術の一つとして軌道上燃料スタンドの基礎になるに違いない。

　日本の使い捨て型打ち上げロケットは、近年になって信頼性が向上しており、この技術力は再使用型ロケットの開発に利用される。しかし、これから日本のロケットメーカーはコストダウンに集中しなければならない。現在の宇宙活動はこの使い捨てロケットを使っているが、再使用型と比べてはるかに高価である。現在宇宙で使っている既存技術のほとんどは、高価すぎるのだ。打ち上げ費用さえ安くなれば、軌道上でのメンテナンスなども容易になり、宇宙で使うすべての技術は安くなるだろう。

　日本の優れた宇宙工学の技術は「はやぶさ」の成功が証明した。はやぶさは「イトカワ」という小惑星から何粒かの砂を持ってきただけだが、世界で初めての「小惑星資源の採鉱」なのである。将来、宇宙での建設と製造に使うほとんどの資源は月、小惑星と彗星から得ると考えられる。はやぶさ2というプロジェクトには二〇二〇年までに一五〇億円の予算を投入することが発表された。しかしこれは宇宙関連予算の一パーセントにも満たない額で、ほかに見込みのあるプロジェクトがあれば、予算的には容易に実行することができるはずである。

最近、日本政府は宇宙開発の新しい方向を決めた。二〇〇九年に発表された宇宙基本計画に、太陽発電衛星を開発するための実験機の開発を組み込んだことだ。これが成功すれば、二〇三〇年代に軌道上で一万トン、面積十平方キロメートルの太陽電池、電力出力一ギガワットの衛星をつくることになる。したがって、日本は太陽発電衛星の分野において、世界で大事な役割を果たすことになり、太陽発電衛星の発展に向けて世界をリードすることになっていく。しかし、このプロジェクトが成功しても、新しい電力エネルギーとして供給するためには費用を大いに安くしなければならない。現在は使い捨てロケットを使用しているため、とても高額である。したがって、巨大な太陽発電衛星をつくる技術を開発すると同時に、低コストで宇宙輸送を可能にする再使用型宇宙輸送機の開発も必要で、これが可能にならなければ電力は安くはならない。このため、二〇一〇年に太陽発電衛星研究会は、宇宙輸送費を充分に安くする方法を研究するために「宇宙輸送費超低価格化分科会」を設立した。

超低価格の宇宙輸送が実現すれば、宇宙旅行も早く安く実現できる。この分科会の提案を政策責任者が受け入れることができれば、日本にとって多大な便益をもたらすことになるのである。

日本でサブオービタル形宇宙旅行用輸送機を開発することができるというもう一つの証拠は、前の章で話した日本ロケット協会の研究成果の存在である。糸川先生が一九五六年に設立した日本ロケット協会は、世界で二番目に長い歴史をもつロケット協会である。糸川先生の最後の三人の弟子の一人である長友信人先生は、ＪＲＳの「宇宙旅行研究企画」を指導して世界で初めての実現性検討をおこなった。一九九三年から二〇〇二年までの一〇年間に、ＪＲＳのチームは、「観光丸」の概念設計、開発費、製造費、運用費などの見積もり、その安全性と必要な航空宇宙規制などについて研究し、複数のレポートを書いた。

全日空を定年した取締役であり、航空エンジニアでもある舟津良行先生が途中から研究に参加し、航空宇宙輸送委員会を設立するために日本航空協会（ＪＡＡ）を説得した。残念なことに、舟津先生は二〇〇二年に亡くなったが、二〇〇四年におこなわれたスペースシップワンの成功の後でＪＡＡはＪＲＳと協力して二〇〇五年、二〇〇七年、二〇〇九年、二〇一〇年に宇宙旅行シンポジウムを開催した。不況のため、航空産業の状態はよくはならず、ＪＡＡの予算もカットされたため、宇宙旅行実現のための活動は減ったが、二〇一三年にも第五回目のシンポジウムが開催された。アメリカではＮＡＳＡではなく航空局のＦＡＡが宇宙旅行を管轄しているように、日本でも政府の航空局がこの役割を担うことになるべきである。国土の大きさのため日本の航空産業はアメリカのように大きなビジネスになることはないだろう。しかし、サブオービタル形宇宙旅行は日本の中で重要な新産業と大規模の雇用の種になる可能性があるが、ほかのアジアの国々が始める前に早急に始めなければ、日本より費用が安い国が最初に実現してしまう危険性がある。そうしたら日本のメーカが後で追い付くことができないだろう。

日本人の需要がある（世界初の市場調査）

前に書いたように、私は一九九三年にわずかな研究予算を使って、日本の宇宙旅行サービスにおける潜在的需要についてのアンケート市場調査をおこなった。一般の人たちにわかりやすいように「宇宙へ行きたいか？」「宇宙旅行にいくら払うか？」といった質問をする簡単な調査だった（一〇〇頁の図参照）。しかし、私がこのアンケートを実施するまでに、世界中誰もやったことがなかった。作業自体は簡単なものだったため、多くの人は「たいしたことがない」と思われるかもしれない。しかし、その結果は、何十年もの間、政府が開発している宇宙技術の商業化のために大きな意義があった。実際、一九六一年代の宇宙旅行の第一段階は、納税者が払う税金を使っておこなわれることになったが、政府だけの活動ではなく、航空のように国民の誰もが買えるサービスであるべきという発想でなければならず、このアンケートの実施は、重要なパラダイムの基礎的な変化の第一歩であった。

一九九八年に出版されたNASAのレポートでは、宇宙旅行が最も有望な商業宇宙活動であると書いてある。そのレポートの参考文献の大部分は、私と日本人研究者とイギリス人の同僚の論文、本、ホームページなどであった。ちなみに、そのレポートは、今までの中で経済的な価値がいちばん高いNASAのレポートであるのに、二〇一三年現在、NASAのホームページで見つけることができない。この状況は、このレポートの内容が革新的で重要性が高いという証拠ではないだろうか？　古いパラダイムの考え方をもつ人たちは、この新しいパラダイムを支持するレポートを読んでほしくないのだろう。これは新しいパラダイムに対する抵抗の代表的な例である。自分たちでレポートを書いており、新しいパラダイムが正しいということがわかっていながら、それでも、このレポートを隠し、抵抗しているのである。読者の皆さんは、是非とも自分の目で確かめてほしい。

残念なことに、日本の経団連も同じことをしている。一九九八年に宇宙旅行について「宇宙旅行は宇宙活動の商業化に対する強い動機づけになることが期待されています」と「スペース・イン・ジャパン」というレポートに書いたが、NASAと同じく一五年後の現在までに、これを実現するための活動は何もしていない！　自分のレポートで推奨しているのに何もしないのは矛盾している。日本は究極的な新産業不足状態のために失業率が非常に高いのに、どうして何もしないのか？　経団連は検討委員会を設立して経済産業省の大臣や国土交通省の大臣や総理大臣に、なぜこの新しいビジネスチャンスについて教えて、投資を推奨しないのだろうか？

もちろん、もっと詳しい市場調査やフィージビリティスタディなどの必要がある。しかし、宇宙旅行サービスは、研究者、若者、家族、学生、団体、年金生活者といった異なるマーケットセグメントでも人気になるため、それぞれに向けたサービスを提供することができる。今までの市場調査でも、需要のない先端技術の開発より、需要が多い宇宙旅行のための技術開発のほうが、経済的価値が高いことは容易にわかる。

このように、既存の技術を使えば簡単に始めることができることがわかっているうえ、とても人気もあるので、結局ほとんどの人は飛行機の旅行のように少なくとも一生に一度は宇宙旅行を経験するという結論は合理的だと思う。

Column

「宇宙へ行きたい」≠「宇宙飛行士になりたい」

子供達のほとんどは、できれば、宇宙へ行きたいと考えている。しかし、現在、宇宙へ行ける人達のほとんどは政府の宇宙飛行士なので、たくさんの子供達は宇宙飛行士になりたいと思っている。残念だが、これは無理。一億三千万人の日本には数人の宇宙飛行士しかいないので、千万人の一人でもない。また、これから政府が又たくさんの人を雇用するのは無理。しかし、今後十年、誰もサブオービタル飛行で宇宙へ行って来ることができる確率が高く、スペース・コンダクター（スペコン）として働く可能性も十分ある。又、今後二〇年、軌道へのサービスが始まったら、軌道上滞在も可能になって、ホテル員の魅力的な仕事する可能性もある。従って、宇宙飛行士になるのが無理なので宇宙へ行けない訳ではない。これからの宇宙旅行産業に働く人数は何万員になるので、若い人達に非常によく、魅力的で現実的な目的であろう。

そうなると、日本だけでも毎年百万人の乗客の市場になれる。日本では毎年百万人の子どもが生まれているので、毎年の乗客は百万人以上まで増える。そうなると、サブオービタルサービスは飛行機に乗るか、プラネタリウムに行くのと同様にごくありふれた経験になるだろう。

二一世紀の「宇宙旅行の三種の神器」

一九六〇年代、日本経済は前例のない好景気だった。経済成長率は世界中の歴史で初めて十パーセントになった。このために世界中の貧しい国は、先進国に追いつくことが可能だとわかり、楽観的になったと言われている。先進国はそれほど早い発展はできないため、中国が現在、日本を追い抜いているのである。

早い成長の中で、日本人の生活水準は毎年よくなったので、楽観的だった。当時の写真を見ると、多くの人は元気に満ちあふれているように見える。そんな景気の良い時代で国民の生活はどんどん便利で快適になっていた。ある活動として日本のメーカーは「三種の神器」という言葉を考えて、国民が、冷蔵庫、洗濯機、テレビの三つの生活家電を買うように仕向けた。

二一世紀初旬の現在、日本人の生活水準は六〇年代よりはるかに高いのであるが、六〇年代に比べて楽観的ではない。これは経済の行き詰まりによる問題ではないか。国民はすでに「三種の神器」以上たくさんのものを持っているので、これから何を買うかが決められない。何も買わないと経済は圧縮して、失業は増える。あるアンケートによると、中年の人たちは新しいものを買いたくないが、海外旅行が好きという結果が出ている。確かに海外旅行は魅力的で、社会経験としても価値は高い。しかし、海外旅行産業は成長に従って、日本より外国の経済を動かす。したがって、これからの内需拡大につながる「三種の神器」を見つければ経済によいだろう。それは、何だろうか?

もちろん、日本だけではなく全ての先進国の政府は、現在の何十年ぶりに高い失業率、特に若い人の失業を減らすように政策を打ち出しているが、アイデアは足りない。この短期的な問題に加えて、長期的な経済成長の〝種〟が必要である。高齢化が進み、人口の平均年齢が高くなるに従って、それまでにためた貯金に依存して生活する人が増える。国民は、将来に不安があると、貯金をして消費を控えるから、経済は圧縮され、それによりまた不安が増える悪循環に陥ってしまう。この状況で赤ちゃんを産まなくなり、人口の減少で経済はまた弱まる。この問題の解決のために、将来の不安をなくし、消費を増やして、経済を強くするという好循環をつくる安定的なビジョンが必要である。このビジョンには長期的に、すなわち何十年も成長できる新産業のアイデアが必要である。

著者は宇宙旅行産業にはこのアイデアとしての可能性が充分あると考える。宇宙旅行の人気と半世紀遅れた実現により、大きな潜在的需要があり、成長は大いに期待できる。その上、二一世紀に成長する新しいサービスのイノベーションの可能性は非常に多い。また、上に書いた通り、宇宙での関連産業の創出も強く期待できる。具体的に、宇宙旅行産業の発展に三つの大きな段階があるから、乗客は各段階でまた喜んで参加することになる。この段階的展開は有望なので「宇宙旅行の三種の神器」と呼ぶことにする。この「宇宙旅行の三種の神器」がすべて実現するには何十年もかかるが、各段階は前の段階より大いに面白くて、大きな便益を提供して、市場規模は十倍以上にも増え、実現のために必要な資金および利益は十倍以上に増えて、最終段階では関連産業も含む経済への貢献は最初の百倍以上にもなるだろう。

「二一世紀の三種の神器」＝「宇宙旅行の三種の神器」であり、以下の三つのフェーズ（活動）を指す。

1　サブオービタル

サブオービタルサービスは一人数十万円以下になるので、現在の学校でのプラネタリウムの見学のように、政府が全ての子どもたちが一回宇宙に行くことができるように、補助金として部分的に支払うことでも考えられないわけではない。プラネタリウムの見学よりも子どもにとって面白く、教育的効果が高いものになる。日本では数百カ所でプラネタリウムと科学博物館を造ったが、大部分は赤字活動である。なぜなら、ほとんどの人は一回見学するだけで、何回も行かないからである。それでも、政府と地方自治体にとっては教育的価値があるから、たくさん造っている。日本中の田舎の空港でサブオービタル用スペースポートを造ることは、これと似ているが、教育的価値は二一世紀に合って、何倍も大きい。子どもたちは自分が宇宙に行けることに夢中になり、宇宙旅行学のカリキュラムで紹介されるアイデアは多くの科目の勉強につなげることができる。そして、このサブオービタルの経験は次のフェーズの軌道上滞在につながる基礎になる。

2　軌道上滞在

日本でのサブオービタルサービスが二〇一八年くらいに始まり、だんだん安くなれば、二〇二五年までに誰でも乗れるようになる。同じように、軌道上ホテルへの旅行サービスが次の段階になる。上記に書いたように、軌道上ホテルやスポーツセンターなどは、人間の新しい経験とビジネスチャンスを供給する。技術能力の観点から、サブオービタルサービスはドイツで一九四〇年代にも始まることができたので、現在では政府の宇宙予算の数パーセント程度の予算だけで簡単に実現することができる。それと対照的に、軌道へ行くための旅客機の開発予算に約十倍は必要で、時間も二倍ぐらいかかると思われる。もちろん、その金額でも年に五百兆円の日本経済に比べて、大きな負担ではなく、毎年の公共工事予算と比べても数パーセントしかないのに、経済によい貢献をすることができ、赤字を生む公共工事よりもよっぽど価値がある。ただし、激しい国際競争の分野になるから、もし政府が最適な政策をしようとしたら、研究開発予算は、サブオービタルサービスが開始される前の今からでも始めた方がよい。

3 月面旅行

軌道上ホテルの建築が大量生産になったら、月面までの旅行は定期便になる。経済成長が毎年二、三パーセント続いたら、平均給料は百年で十倍くらいに増えるので、二一世紀後半には日本人の年間平均給料は数千万円になる。こういう世界で、月面旅行は現在のサブオービタルのように考えられることになる。ある読者は「これはナンセンス！」「まったくファンタジーだ！」などと言いたいかも知れない。しかし、そうではない。航空旅行は一九〇〇年から二〇〇〇年までの百年間で、乗客はゼロから毎年十億人を超えて、二〇一一年に二五億人になったのは、誰も想像できなかったレベルで急激に成長したのである。四〇年前の技術でも月面旅行をできたので、この発展は既に数十年遅れている。月面の大観光地としての発展は当たり前で、航空宇宙技術の平和的な利用として、日本のニーズと日本人の憧れにちょうど合うではないか？

日本の明るい将来への扉

この「宇宙旅行の三種の神器」のシナリオを実現すれば、新しい国内産業がどんどん増えるので、その魅力はわかりやすい。これと対照的に、現在の会社の既存の産業に対する投資の多くは、発展途上国に行ってしまい、国内産業への貢献ではなく、これからの国際競争を激しくしている。それに比べて、内需拡大をする国内に向けてのこの投資はとても望ましい。

このトレンドの代表的な例としてパナソニックをみてみよう。発表によると、パナソニックの近年の新入社員は、八割が外国人で、日本人は二割だけだという。たしかにこれは悪いことではない。しかし、これを見ると、パナソニックのような優良企業が行っている既存の産業は、日本の失業問題を解決しないことがわかる。なぜなら、このような産業は日本では成熟しており、発展途上国の方が成長しているためである。したがって、この産業の会社が成功するためには、日本から出て、発展途上国で雇用を増やさなくてはいけない。（大変なのは、この戦略でもパナソニックはシャープとソニーと一緒に大赤字におちた！）同じように日本の基幹産業になった自動車産業さえ、この方法で成長しているので、日本経済を再生することはできないだろう。

しかし、これらのすぐれている企業は、経済的なパワーとビジネス能力を使って、日本の新しい基幹産業に投資する責任があるのではないか？　新しい産業が日本国内の雇用を増やすためには、彼らの投資するプロジェクトが供給する新たなサービスが、長期的に拡大する内需を掘り起こせば、日本の社会と経済に適当に貢献するではないか？日本人は既存の産業がつくる製品をすでにほとんど持っており、改めて買いたいとは思わないため、購買意欲が薄い。しかし、このような新しいサービスがあれば、「車離れ」若者でも貯金を使って買うようになるだろう。

宇宙旅行サービスが将来どこまで成長するか正確に予測することはできないが、宇宙旅行の三種の神器の二一世紀中のシナリオが実現する可能性は充分あると考えられる。実現の可能性が確実とは言えないからといって、投資しない方がよいということも全く言えない。世界的な不況の中で、日本企業がこの新しいシナリオに参加しないと、日本の社会と経済のトレンドは今後も悪化し続くことになってしまうリスクが高いだろう。しかし、日本国民が貯金の一部を使って、自分や子どもや孫などのために宇宙旅行サービスを買うようになれば、日本の産業はこのサービスを拡大するために、新しい技術や施設や研究などに投資するようになる。そうすれば、国内雇用を増やして、経済成長の好循環に貢献して、二一世紀中の平和的な未来をつくることができる。

昔、日本では多くの場所に神社とお寺を造り、宗教目的以外に地方の社会と経済に貢献していた。同じように、昔の欧州などの国では、教会とモスクをたくさん造った。昔の日本や欧州では、この共同活動のために、地方の人たちが、完成までの何十年間もの間、大いに努力して働いた。現在では、このような共同活動が宗教以外に地域社会、経済に複数の便益をもたらしたことがわかっている。この共同活動のために集まった寄付金は地域の雇用を生み出し、経済を動かす通貨の循環に貢献した。その上、このような活動が、地域の結束を高め、コミュニティ・スピリットを強化した。

現在、日本の地方の空港でたくさんのサブオービタル用スペースポートをつくって運営しようとすると、同じように、地方の方々、特に若者たちが喜んで努力して地域社会と経済の再生に貢献することになるだろう。そしてうまくやれば、昔のように、何百年後でも文化遺産として高評されることになる可能性はある。

幸運にも、宇宙旅行の活動は始めやすくなっている。アメリカのＦＡＡは、必要な法律をすでにつくっている。まず、スペースポートの周りにある飛行機用の路線空域の邪魔にならないように、サブオービタル用高高度の路線空域を決める必要がある。それから、簡単な方法として、短期的にスペースポートに推進剤供給および高高度レーダー・システムをトラックで移動できる設備を準備してサブオービタルサービスを開始する。このサービスを開始した後、近所の人たちが充分支持すれば、専用の建物、設備を建てて、このサービスを固定施設として準備することになる。あるスペースポートは大事な観光地になるだろう。もっと野心的に考えれば、スペースポートの近くで東京などの大都市から来るたくさんの乗客に対して広い範囲のサービスを供給する大規模施設を造ることも考えられる。

近年のアンケートによると、地域のコミュニティの八割はよくない状態だ。人口が減り続け、平均年齢は高くなっている。地方自治体は、これらの対策として借金が増える状態になり、日本の将来を危うくしている。同時に、日本がどんどん依存しているグローバル化に関して、世界経済の不安定な状態はさらに悪化している。これに対して、日本経済の独立性と安定性を強化するのはとても重要な急務である。

今まで、これを実現するための政策はずっと失敗している。通常の対策の効果が足りないとわかっている現状で、宇宙旅行産業を実現する予算に対して、〝やらない方がいい〟とはまったく言えない。これは若い日本人の裏切りではないか?正直言うと、日本人がこのプロジェクトにチャレンジする時が来たのである。二一世紀の若い世代は、これを呼んでいるのだ!

残念ながら、日本は、最近よく言われるイノベーションを拒否していた〝失われた二〇年〟のために、他のアジアの国にどんどん追いつかれている。本来、日本はアジアの各国に追いつかれないように、先を走らなければならない。時代の本質を認識して、唯一のノウハウを使い、高い目標を狙わなければ生き残れないだろう。このアイデアは社会に受け入れやすいという証拠として次に複数の映画を紹介する。

「明日があるさ THE MOVIE」

監督：岩本仁志　　製作：「明日があるさTHE MOVIE」製作委員会
（吉本興業・日本テレビ・電通・東宝・ROBOT）

準軌道旅客ロケットをつくり宇宙旅行を目指すというストーリーを、本当にあってもおかしくないほど現実的に描いた魅力的な映画です。準軌道旅行は低軌道へ行くよりもはるかに簡単な事だと二〇〇四年にSpaceShipOneが示しました。

この映画は、吉本興業創業九〇周年&日本テレビ開局五〇周年を記念して製作されました。はっきりと理由を説明してはいませんが、直観的に宇宙旅行の重要性と伝統的な宇宙産業の失敗を描き出しています。

主役はテレビシリーズと同じくダウンタウンの浜ちゃんで、総合商社の浜田課長が宇宙局を引退したロケットエンジニアの野口博士に偶然出会います。博士は宇宙局にいた時にはつくることが許されなかった低コスト準軌道ロケットの計画を浜田に熱心に語ります。話しを聞くうちに浜田は宇宙へ行くことを望んでいた子供の頃の夢を思い出し、プロジェクトにどんどん夢中になり、はまってしまいます。会社の仕事もそっちのけでプロジェクトを手伝うようになり、家族や会社の同僚の不満は募っていきますが、彼はやめることができません。

有名なアニメ映画「オネアミスの翼」と同じで、浜田や野口博士はなぜこんなに大変な努力をしてまで宇宙へ行くことにこだわるのか自分自身でもわかっていません。しかし彼らは直観的に、それは素晴らしい価値があることを知っています。宇宙旅行を普通の人が一般的なサービスとして利用できるようにすることは、政府宇宙機関の官僚が選んだ活動をするより、はるかに経済的で重要な価値があるという事実をこれは大変よく捉えています。しかし、政府の立場の方々はこれを受け入れることはできず、ほとんど誰も彼らの独占的立場を批評することをあえてしません。

宇宙に行った経験を持つ誰もが言っているように、宇宙飛行は人生で最も素晴らしい経験の一つである事は明らかな事実です。ですから、できるだけ多くの人々が宇宙飛行を経験するようになるのは明らかに良いことでしょう。そのようなサービスが手頃な価格かつ安全性の許容できるレベルで利用できるようになった時、飛行機での旅行のように主要な新しい産業になるでしょう。これは特に新しい産業の欠如による高い失業率が続く時代に、非常に高い経済的な価値をつくります。しかし政府と宇宙機関は、これを認めようとしていません。

浜田と野口博士が自身では理解せずにこの考えを表現していたことは、フィルムのマジックと言えるでしょう。浜田の会社の別の部署では衛星ビジネスに投資をしています。まるで宇宙機関のように、彼らはほとんど利益なしでその事業に巨額を費やします。そしてある時彼らは野口博士の工場を訪れ、浜田と彼のプロジェクトをばかにします。浜田は怒りますが、彼が決意した理由を言い表すことができません。しかし実際ロケットを打ち上げる時には、浜田の部下だけではなく威張っていた衛星プロジェクトのメンバーたちも、宇宙へ飛び立つ彼を見にやって来ます。彼らも心のどこかではプロジェクトを支持しており、それはもちろん彼らも他の全ての人と同じように宇宙へ旅行がしたいからです。

映画の中のロケットは使い捨てで、たった一回しか飛行しません。ですから浜田の飛行は結構危険です。なぜならまだ一度も飛ばした事がないそのロケットのファーストフライトに乗るのですよ！プロジェクトの結末で、ロケットは海に落ち、浜田は太平洋上の島にパラシュートで降り立ちます。はたしてどうやって家に帰るのでしょうか？ちょっと続編が必要ですね。

著者の「明日があるさ2」の脚本を映画化しませんか？

「王立宇宙軍　～オネアミスの翼～」

監督：山賀博之　　製作：ガイナックス

この長編アニメは、そのアーティスティックでハイクオリティな映像で有名です。それは一九八四年当時において革新的なものでした。この映画は、新興の企業ガイナックスをつくった若々しいチームによる一番最初のプロジェクトでした。その後ガイナックスは、メジャーなアニメメーカーへと成長していきます。宇宙飛行というテーマに対する映画の風変わりな「オフビート」のアプローチは、宇宙局の通常のレトリックと非常に異なり、もっと深く考えさせられます。「なぜ、私たちは宇宙へ旅立つこの努力をしているのか？」この鍵となるクエスチョンが、映画の中で問われています。

今日の宇宙旅行運動ととても強くつながるものがあります。NASAやJAXA、その他の宇宙局が使い続ける政府宇宙活動による「冷戦」の正当化に、映画メーカーは明らかに同意していないし、魅力を感じていません。しかし、彼らはまた宇宙に行こうとする挑戦が意味を持つことを感じ、必ずしも彼らにとって明白なものではないけれども、将来性に捧げます。

二五年後の今日、宇宙旅行の価値は旅行者の唯一の経験であるということ、そしてこの経験を持つことができる人が多くなればなるほどより良くなることが、明らかにわかるポジションに私達はいます。二五年前、こう考える事はとても難しいことでした。当時このパズルに取り組み、宇宙局によって述べられる決まり文句を避けた映画製作者の感性と誠実さは、高く評価することができます。

「遠い空の向こうに」

監督：ジョー・ジョンストン　製作：ユニヴァーサル映画

「オクトーバー・スカイ」宇宙旅行のメッセージの映画著者は宇宙産業の雇用確保に一役買っている？

この映画はホーマー・ヒッカム氏の自伝的小説「ロケットボーイ」をもとにした、一九五七年一〇月スプートニク1号の打ち上げに触発された少年の話です。少年の父は炭坑の仕事をしており、少年にも父と同じ道に進んでほしかったのですが、ホーマーはこの打ち上げをみてロケットを作ろうと決心しました。彼の母や学校の先生に励まされ、ホーマーは友達とモデルロケットを作りはじめました。苦心のすえアメリカ全土の科学競技会で賞を取り、その賞のおかげでホーマーは奨学金をもらうことができました。それは結果的に彼の父が望んでいた炭坑の仕事から逃れることになりました。ホーマーはその後NASAで先ごろ引退するまで働きました。「オクトーバー・スカイ」は懐疑主義にぶちあたったとき、自分の夢を実現させると決意し、その意志を持ち続ける強さを描いたものです。また、クリス・クーパー演じるホーマーの気難しい父（彼は炭坑の仕事に死ぬまで生涯をついやして死んでいきましたが）と息子の交流が描かれています。

しかし、この映画の出来栄えにもかかわらず、ホーマー自身が彼の夢をいまだ実現していないことにはふれていません。この映画で一番伝えたかったことはホーマー自身が宇宙へいきたいと思っていることです。これは当然、理解できる彼の希望です。もし、それが実現されれば、彼はなるべく多くの人々と宇宙旅行を共有することを望んでいます。しかし、年間数回のロケットの打ち上げしかしていない政府であっても、彼にとっては宇宙に行ける可能性を見るのに充分な材料と考えられたという事実です。一九九九年のこの映画も、彼自身が実際に宇宙へいく夢は、もはや身近にせまっていることを暗示しています。この映画は自分自身の夢をあきらめるべからず的な哲学がふんだんにちりばめられています。ホーマーはここで宇宙旅行を実現させるサポーターとして登場すべきです。

NASAでの彼の業績にもかかわらず、彼は宇宙には行っていません。そして、今後もNASAの人間としては行くことはないでしょう。しかし、それは彼が今後、宇宙へいけないということではありません。彼は行けるのですが、それは宇宙観光旅行を通じてのみとなります。彼の希望により、それは宇宙観光旅行者のひとりとしてか、または、その開拓者的事業を文字どおり軌道にのせることができる企業に働く人として、ということになるでしょう。ですから、あなたの夢をあきらめないでください、ホーマー。皆と同じようにあなたの一声は実現への偉大な援助となるのです。ところで、二〇一二年に、ゴールデンスパイクという月面旅行をしようとする会社のアドバイザーになった。

Column

「ガンダムの世代へのメッセージ」

この本で説明されている未来は本当の「宇宙時代」である。宇宙活動は日常生活の一部になる。一般の人々は、ホテル、建設、製造、警察、保安庁などの仕事やレジャー、教育、研究、趣味、スポーツ、宗教、移住などたくさんの理由のために宇宙に行くようになる。

多くの作家はこのような未来について、現実的なフィクションやノンフィクションを書いている。

地球近傍の宇宙を描いた最も有名なストーリは、30年間ずっと人気が続いている「ガンダム」シリーズである。アメリカの有名な宇宙映画のStar Wars and Star Trekに比べて、ガンダムは地球近傍を舞台にしており、現実的である。このストーリーの中心テーマは、二二世紀の初旬に地球近傍の宇宙に住んでいる人たちが地球政府から独立するため戦うことである。宇宙人も超光速の宇宙船も無い世界である。

ガンダムのストーリは現実的であることの例として、さすがな作家はテキサスと呼ばれているスペースコロニーを観光専用コロニーとした。もちろん、私は、そういう将来の宇宙開発のために観光産業が売上高の大事な源になるだろうということに大賛成している。

他のエピソードで、地上に住んでいる人にエネルギーを供給するためにSPSがつくられるが、戦争で壊されてしまう。確かに、SPSは、速く動くことができないため、ミサイルなどを避けることが難しく、戦争で壊されやすい。

最初からのガンダムのファンは今四〇歳代くらいになっている。このストーリでの宇宙戦争を避けることを望んでいるが、この本はガンダムのように真の宇宙時代を簡単につくれる方法を示している。本当の宇宙での経済発展がつくる「オープンワールド経済システム」のたくさんの便益も説明している。現在の世界中の政府はこのために働いていないことを説明する。日本が目の前の危機を避けるために政府に任せるより、皆は自分でこのプロジェクトを支持しなければいけない。

現在、何百万人のガンダムのファンは毎年百億円をプラモデルに使う。宇宙に旅行したり、住むための夢を実現するために、この本のとおり宇宙旅行産業の開発が唯一の道であると理解して欲しい。

もちろん、ガンダムのストーリはSFであるため全てが現実的ということではない。モビルスーツ（ロボット）が軌道へ飛ぶような小さくて強いロケットは発明されないだろう。しかし、ストーリの中で出てくる輸送機とホテルなどの施設はつくることができるかもしれない。したがって、ガンダムのファンは地球軌道か月面軌道に乗って、そのような施設に行ったり、働いたりするこができるのではないだろうかと思う。そして、後で、スペースコロニーにも行けるだろう。

この本の示すとおり、サブオービタル宇宙旅行から一般の人のための宇宙開発を始めるのが一番良い方法である。これは、簡単で、低コストで、早く、そして楽しいもので、その上、軌道までの宇宙旅行の開発に大いに貢献し、低コストの軌道宇宙旅行はガンダムファンが長い間待ち望んだ、真の宇宙時代への扉を開くことになる。

ガガーリンの歴史的な人類初の宇宙飛行の五〇周年は、この本の説明している便益を受けるような宇宙活動を日常生活の一部にするような宇宙開発を始めるきっかけにするのに非常に良いタイミングだと思う。これからおとずれるだろう宇宙旅行の第二半世紀の大成功のために、だまされたガンダム世代は大事な役割を担っており、立ち上がらなければならない!

我々の夢を実現するまで、ガンダムファンは長く我慢して待っている。しかし、受身で続けばいつまでたっても実現はできない。夢は自らが動いて実現しなければいけないのだ。そうして、日本人と日本の成長を二一世紀中続けるための志を持つことができるのだ。

日本政府の役割

宇宙を舞台にした人気のアニメ『機動戦士ガンダム』、『超時空要塞マクロス』、『宇宙戦艦ヤマト』、又は『王立宇宙軍：オネアミスの翼』では、日本人の宇宙旅行への憧れが描かれている。近年、日本航空協会（ＪＡＡ）は二〇〇五年から宇宙旅行シンポジウムを五回開催し、アメリカでのサブオービタルサービスの実現への進歩を紹介した書籍も多数日本で出版されている。しかし、それらは、宇宙旅行の本当の便益を伝えてもないし、若干夢物語になっている部分がみられる。本来、宇宙旅行の開発は楽しい遊びの可能性ではなく、半世紀遅れた重要な産業で、現実に二一世紀の日本経済の新しい基幹産業になるので、極めて重要な活動なのである。

このプロジェクトの実現は、民間だけでは時間がかかりすぎるリスクが高く、他の新産業と同じように、政府が適当に推進する方がいい。世界経済は危機状態で、大恐慌寸前と言う評論家も少なくない。重要な原因は新産業不足で、いわゆる日本人ができる経済的な価値がある仕事、利潤を得る仕事が足りないためである。日本政府の政策で古い産業が途上国に移転することを許したが、その代わりに国内の新産業の発展を充分に実行できず、失業が増えている。これは、よい政策とは言えない。

日本政府の一千兆円もの財政赤字は、新しい雇用をつくるために膨れあがったものだ。この莫大な支出を数十年間続けたのに、失業率は現在何十年ぶりに高く、政府と企業の指導者は仕事をつくるためのアイデアが足りないことは誰でもわかる。今期待されている「アベノミクス」が成功するかどうかは、新産業を十分作れるかどうかにかかっている。

政府の方針は国によって違う。日本では、官僚の権力が比較的大きく、官僚による裁量が強い。日本の官僚には、他の国よりいい政策をするための義務と責任が大きく、日本経済が長期的に悪化していることの責任もあるはずである。特に新しい産業に投資をするかどうかという決定にも大きな責任がある。

官僚のシステムが、イノベーション、すなわち失敗のリスクがある新しい政策を実行することに弱いことはよく知られている。もちろん官僚の頭が悪いのではなく、官僚システムが保守的で、ルール通りに実行されていることを説明できるように働くからである。

Column

イギリス人のウイリアム・エドワード・エアトンの前例

エアトン博士は、明治政府の招聘で、工部省工学寮（東京大学工学部の前身の一つ）に創設された電信科（後の電気工学科）の初代教授として来日しました。電気系の学科つくられたのは世界で初めてのことです。当時は多くの批判があっただろう。当時二五歳だったエアトン教授は経験不足だとか、電気工学よりも直近で重要な課題があるだろうとか、日本は謙虚にほかの国々の情熱をみるべきだ、等々。

しかし、その時代の長州人の設立した明治政府はもちろん革新（イノベーション）することができました。革新することができなくなった当時の幕府を倒したら、日本が生き残るために、先端技術を充分勉強して、応用しないと行けないとよくわかりました。従ってエアトン博士のイギリスでもまだ受け入れられていない新しい工夫を評価したら、彼の提案を支持して、日本で実現するために予算を出しました。これで、長州人がリスクとリターン、または費用対効果の評価の重要性はわかりました。エアトンの計画を支持するリスクはその小さい予算が無駄になるだけでした。しかし、もし成功すれば彼の説明したように、新しい基幹産業を世界初創立することができます。いわゆる正しい危機感を持って「このままでいい」や「そんなに急進的な工夫は要らない」等の既得権益の声は国に致命的だと理解していました。

そしてさすがな長州人はエアトン氏を正しく評価した。彼についての批判はすべて誤りでした。エアトン教授は、世界に誇る日本の電気メーカーの技術をつくり出し、日本の経済発展に大きく貢献したのです。そして、一世紀以上にもわたって、多くの雇用を日本に生み出しました。ただし、日本の世界中有名な電気メーカと電子メーカのパナソニク、ソニー、シャープ等は、近年激しくなっている国際競争のために、大赤字に落ちました。やはり、もう一回新しい産業分野を他の国々より早く開発しないと経済成長は足りない現状は終わりません。

これからの宇宙旅行産業の発展の可能性は深く似ているでしょう。必要な予算はちゃちな金額：政府の予算の一万分の一、公共工事の予算の千分の二、宇宙開発の補助金の数％だけなので、その結果が全くゼロになっても、損は日本経済にとって何もないでしょう。それに対照的に、もし成功すれば、宇宙開発、公共工事、政府全体の予算は20年中出来ていないことを実現します：21世紀中大規模まで拡大する新たな基幹産業を先駆します。政策として、どうすればいいかの正しい評価は当たり前ではないでしょうか？ ただし、21世紀の幕府の年上のメンバーより若い人達に特にわかりやすいかも知れません。宇宙旅行産業は、少なくとも一九世紀の電気産業と同じように、経済発展と雇用創出に大いに貢献できるでしょう。

しかし、イノベーションの意味は「前例のないことを実現すること」であり、リスクを伴うものだ。リスクを恐れる日本の官僚的な政府システムは比較的安定的だが、イノベーションを抑え、新しいアイデアやパラダイムなどを受け入れられにくいので、日本経済の沈滞への影響は強い。

日本では、経済をまったく活性化しないとわかっているにもかかわらず、同じような政策に毎年、巨額の投資を行ってきた。現状がさらに悪くなったら今度政党はやっと官僚の人数を減らそうとしている。たしかに、無駄な活動については、事業仕分けのように止めた方がよい。しかし、昔から価値のある郵便局のような公共サービスをカットしたり、民営化したりすれば経済が立ち直るわけではない。

政府がもし、日本がすでに十年は遅れている宇宙旅行の開発をまだ始めないのであれば「なぜ投資をしないのか？」という質問に答えなければならない。米中小企業のスペースシップワンは、二〇〇四年に宇宙旅行の可能性について証明してみせた。しかしそのすばらしい時に、日本の宇宙産業の一番大きい国際シンポジウムのＩＳＴＳは二〇〇〇年と二〇〇二年に大盛況だった宇宙旅行のセッションを中止してしまった。なぜだろう？おそらく、国民がこのようなイノベーションの実現が欲しいのに、ＩＳＴＳの担当している官僚は許さないと決めたからだろう。そして、他国が日本の研究の重要性に気づいて目覚めたが、まさしくその時に世界をリードしていた才能あふれる日本人の研究を妨げてしまったのである。

その後、スペースシップワンの成功に影響を受けて、日本航空協会は最初の宇宙旅行シンポジウムを開催した。しかし、会議はその後も何度か開催しているが、残念ながら予算がないため、何の進展もみられていないのが現状である。

私が日本に二〇年住んでいる間、日本政府は宇宙活動に四兆円を使った。これにより、技術的なノウハウは増えたが、新しい雇用につながる直接的な経済価値は非常に少ない。このようなノウハウと予算は、一般の国民が購入を望むサービスの提供のために使われるべきである。

天才的な糸川先生の弟子の長友先生が一九九〇年代に世界のリードで実施した日本ロケット協会（ＪＲＳ）の研究は、軌道型宇宙旅行の実現性を示した。政府がこの十年間に使った宇宙予算のわずか一パーセントである二百億円を宇宙旅行の準備に投資することを始めていれば、サブオービタルサービスはすでに始まっていただろう！　なぜしなかったかと言うと、宇宙政策の責任者は、古いパラダイムに閉じ込められている。

もう遅いからといって、今からでも始めない方がよいだろうか？　いや、そんなことはない！　日本の宇宙政策をこのまま続けていけば、経済的には悲惨になる一方である。この分野で日本に追いつく国が増えるに従って、日本にとっては重大な問題となるに違いない。なぜなら、このままでは、長い不況の主な被害者の日本の若者は人口の減少が続き、格差社会がますます悪化し、落胆してやる気がなく、将来に失望し続けてしまい、経済と社会の問題を解決することはできなくなるからである。

しかし、若い官僚と政治家がこの分野でのパラダイム・シフトについて政府を説得するなら、宇宙旅行を始めるのに必要なわずかな投資をそこに提供することは、どこまでも続く日本の明るい未来をつくるための、世界、特にアジアへの見本になる。これは糸川先生、長友先生、日本人全員の希望を成しとげることになるのである。

9章

サブオータビルからスタートを

サブオービタルからスタートを

日本が宇宙旅行産業の成長にどうやって参加すればよいかを考えよう。サブオービタルのプロジェクトは軌道上でのプロジェクトに比べて費用がかなり安いので、日本一国で実施できるレベルであり、能力的にも予算的にも妥当である。そして、軌道まで行ける輸送機の開発の準備として、設計、製造、運用、マーケティング、訓練、保険、投資などにも、サブオービタルはとても役に立つのである。

現在の大型飛行機のように軌道まで行ける輸送機は、おそらく世界的な国際プロジェクトになるだろう。輸送機をつくる国際コンソーシアムに参加するためには、日本企業は前もって経験を重ねておく必要があり、その意味でもサブオービタルの経験は役に立つ。将来的には、軌道までの輸送のために垂直離着陸機（ＶＴＯＬ）と水平離着陸機（ＨＴＯＬ）の両方が使われると考えられている。従って、サブオービタルプロジェクトとして、日本は両方に投資するほうが最も良い。そうすると日本の企業は広い経験ができ、軌道までのプロジェクトに参加することも容易になる。

日本で開発をするべきＶＴＯＬとＨＴＯＬ

両方のサブオービタルプロジェクトを同時に実現する費用は毎年百億円くらいで、これは現在の宇宙活動に割り当てられている予算の数パーセントにすぎない。このプロジェクトは、現在の宇宙活動に比べて、納税者に大きな負担をかけずに、巨大な便益が得られる。

このプロジェクトの具体的な例として、次の二つのプロジェクトを紹介する。ひとつは、すでに日本でおこなっている研究に基づいた、私が十数年前に提案したＶＴＯＬ機の「宇宙丸」で、もうひとつは、イギリスに住んでいる〝宇宙旅行の父〟が設計しているＨＴＯＬ機の「アセンダー」である。このサブオービタルプロジェクトの「宇宙丸」と

「アセンダー」はそれに続く軌道用の五〇人乗りの「観光丸」と「スペースバス」の実験機として有望である。

日本ロケット協会のメンバーは、宇宙旅行研究企画（一九九三年〜二〇〇二年）として、五〇人乗り、単段式の軌道用ＶＴＯＬ機「観光丸」の概念設計をおこなった。大事な結論は、開発費は一兆円程度であることだ（ＪＲＳの見積もりでは、当初一兆四〇〇〇億円だったが、ヨーロッパとアメリカの専門家はそんなに高くないと言った）。しかし、このような革新的なプロジェクトに、これほどの巨額な予算の調達は困難であるので、最初は、もっと小規模の開発からスタートすべきとした。この候補として、観光丸より小型の一人乗りの軌道用ＶＴＯＬ機の「ミカド」があったが、小型でも軌道用は技術的にも難しいこともあり、たいへん高額だったため、実現しなかった。もう一つの案としてサブオービタル用ロケット飛行機が考えられたが、これは高度一〇〇キロメートルに行くだけの推進力があればよいので、現在のロケットに比べて非常に小さな推進力でも可能で、ロケット技術としては簡単である。ロケットを飛行機のような旅客機として使用することは革新的であって、新しい考え方にはチャレンジが必要である。

「ＲＶＴ」

一九九〇年から一〇〇〇万円の予算だけでできた宇宙科学研究所（ＩＳＡＳ）の優れているエンジニア達は、小型再使用型ロケット実験機の「ＲＶＴ」を開発した。数年かけて三つのシリーズで何回かのテストフライトを行なった。ＲＶＴに基づいて、一〇〇キロメートルまで行ける無人の再使用型ロケットが現在開発中であるが、完成するために必要な予算を受けられていない。

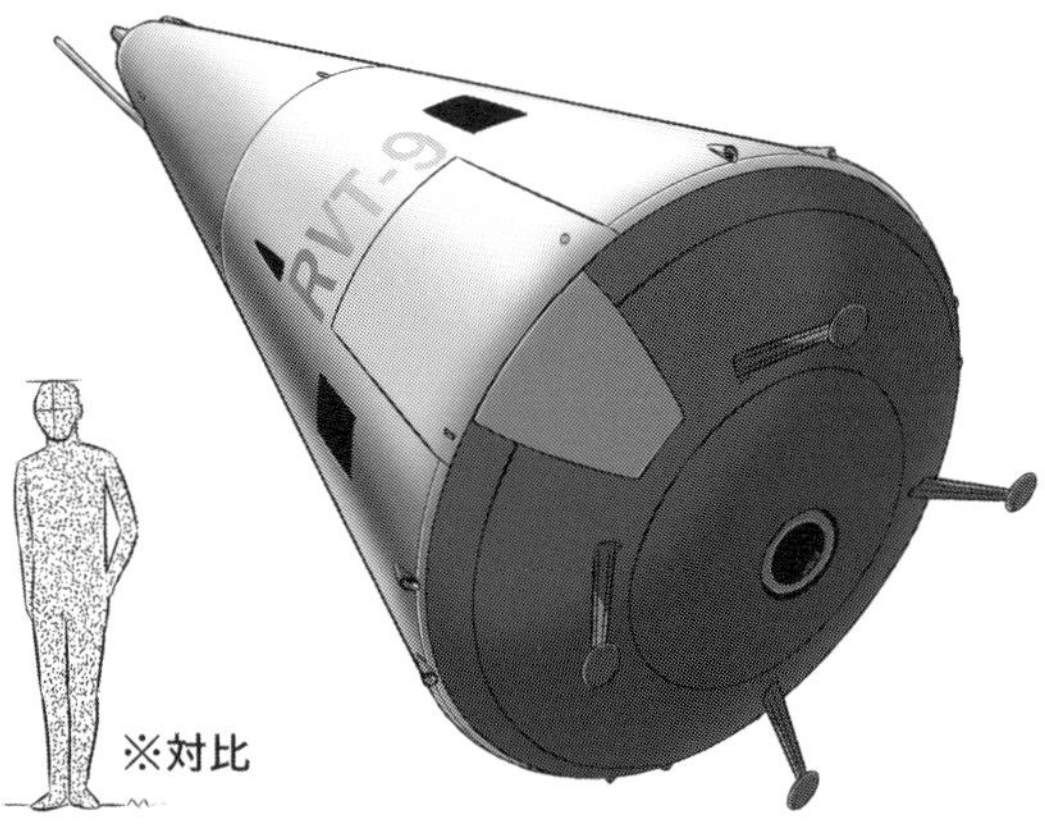

RVT

「宇宙丸」

二〇〇一年から、観光丸のサブオービタル用実験機として、数人の乗客が乗れる「宇宙丸」というロケットのプロジェクトを提案した。もし予算があればＲＶＴをつくったチームは、約三年後でテストフライトを開始することができる。したがって、今から六年ほどで、垂直離着陸機のサブオービタル形宇宙旅行サービスを始めることができる。（www.uchumaru.com に参照）

軌道まで飛ぶロケットに比べて、設計が簡単であるため、さまざまな形態にすることが可能である。とりあえず、「宇宙丸」のモック・アップ・プロジェクトが推進されている。

「アセンダー」

「アセンダー」は高度一〇〇キロメートルまで飛べるロケットエンジンとジェットエンジンを併用した二人乗りのスペースプレーンである。推進剤は過酸化水素とケロシンで、一九五七年にイギリスで飛行した超音速ロケット飛行機「ＳＲ．５３」の既存技術を部分的に流用している。ＳＲ．５３の推進システムは、ロケットプレーン「Ｍｅ１６３」と「秋水」の設計者のヘルムット・ワルテール博士によって

SR.53 ロケット飛行機（1950 年代）

設計された。過酸化水素という推進剤の利用は、これらの輸送機で長い経験と実績があり、一九五〇年代にジェット旅客機の補助ロケットエンジンとしても使用されたこともある。

ＨＴＯＬ機スペースプレーンには、ロケットエンジンだけでなく翼とジェットエンジンもあるので、旅客機としての免許を受けやすい。ＶＴＯＬが旅客機としての免許を受ける際には、航空局から新しい規制のイノベーションを要求されることになる。このように、航空局からの免許取得に関しては、ＶＴＯＬに比べて、ＨＴＯＬの方が免許を受けやすい。

開発のスケジュール

この二つのサブオービタル用輸送機の開発スケジュールは以下のようになると考えられる。また、この二つの大きな違いは次のとおりである。

１）アセンダーが免許を受けるためにはテストフライトが二年かかり、宇宙丸は三年かかるかもしれない。

２）アセンダーは早期の開発が望まれるため、テストフライトまでは開発者がいるイギリスで行う。この技術移転の方法で開発は一番早

くできる。日本のメーカのポジションはアジア圏での製造とセールスの担当であろう。

（二〇一四年）

1年目　プロトタイプの開発の開始
　　　パートナー企業の役割分担決定
　　　サブオービタル用スペースポートの設計の準備

2年目　プロトタイプの開発を継続
　　　スペースポートの詳しい設計
　　　航空局の宇宙旅行用規制などの準備
　　　（FAAのルールに基づいて）

3年目　プロトタイプの完成
　　　複数の県でスペースポートの建設の開始
　　　運航会社の準備

4年目　日本（宇宙丸号）、英国（アセンダー号）の、テ

ストフライトの開始
スペースポートの建設を継続
エアショーなどで教育用フライトの実施

5年目
科学研究用フライトの開始、タレントの参加
あるスペースポートで教育用フライトの実施
アセンダー号が乗客用免許を受ける
商用アセンダーの設計（何人乗り、運用費用など）
日本での製造施設の準備

6年目
商用アセンダーの生産開始：1・2号機
商用アセンダーのテストフライト開始
商用アセンダーのスペースポートの運用開始
宇宙丸が乗客用免許を受ける
商用宇宙丸の初期仕様の策定
（乗客数、飛行高度、航続距離や日数など）
商用宇宙丸の生産工場の準備

複数のスペースポートの建設を継続

7年目
アセンダーの生産を継続：3～8号機
複数のスペースポートでのアセンダーの運行開始
商用宇宙丸の生産開始：1・2号機
商用宇宙丸のテストフライト開始
商用宇宙丸の運航開始

8年目
アセンダーの生産を継続：9～14号機
アセンダーの輸出開始
商用スペースポートを各国に建設開始
商用宇宙丸の生産を継続：3～8号機

9年目
アセンダーの生産を継続：15～26号機
宇宙丸の生産を継続：9～14号機
宇宙丸の輸出開始、アセンダーの輸出を継続

10年目　アセンダーの生産を継続：27～38号機　（二〇二三年）宇宙丸の生産を継続：15～26号機

ビジネス効果

もし八人乗りの商用アセンダーと宇宙丸を使って、平均として乗客が六人で、毎日六回飛行し、週五日平均とすると、各輸送機は毎年九〇〇〇人の乗客を運ぶことになる。日本人の乗客が毎年百万人になると、約一二〇機のサブオービタル用輸送機（ロケットとスペースプレーン）が必要になる。例えば、六〇機のVTOL機と六〇機のHTOL機、これに加えて、輸出も考えると、各輸送機は百機までの注文が考えられる。

成功するために、日本のメーカーは優れた設計をしなければならない。輸送機は安全で安くする必要があり、外国製部品も使うと輸出しやすくなるだろう。そして、競争力をつけるため、他の国よりもいち早く始めなければならない。このためにVTOLは、既存の日本の設計を使うほうが手早く、HTOLは海外ですでに設計されているものの技術移転の方が早く実現でき、有望であると考えられる。

このビジネスを成長させるために必要な投資は、次の通りである。上記のシナリオを実現するために、毎年百億円程度の補助金があれば、十年間で一〇〇〇億円になる。これは政府の宇宙開発予算のたった数パーセントである。目的は商用活動だが、普通のプロジェクトより長期的である。できるだけ早く進めるために、産業革新機構などの政府の団体からの支援は望ましい。例として、十年後までに、その投資のための製造は毎年二四機、すなわち約五百億円の売上高になる。十年目の運航の年間の売上高は六四機×九〇〇〇人×五〇万円で約三〇〇〇億円になる。

この売上高の三分の一程度は燃料代として使われる。スペースポートの建設にかかった費用はキャッシュフローから部分的に払われることになる。宇宙旅行サービスのために始まる新しいビジネスも、別の売上高として経済貢献することになる。この売上高の成長を生み出す投資は、現在の宇宙局の活動の数パーセントだけで実現するので、国民は強く支持するだろう。もし売上高が上記の十パーセントの三百億円だけだったとしても、現在の宇宙活動に比べて、非常にすばらしい結果を残すことになる！

宇宙旅行産業の開始は多くの便益があるので、政府が自動車など他の産業と同じようにその活動に補助金を出せば、優れた経済政策として評価されるだろう。費用対効果は現在の使い捨てロケットの宇宙活動より高い。なぜなら、商業としての売上高、経済への貢献などがはるかに多いからである。そして、その後、国民全員が一生に一度飛ぶとすれば乗客が毎年百万人になって、初めから一五年後には五〇〇〇億円の売上高になると考えられる。

この商業活動に加え、日本の複数のスペースポートからのサブオービタルサービスは複数の便益がある。地方の空港でスペースポートを建設することで、地域にいろいろな雇用をつくることができる。宇宙旅行の乗客の家族などが数日間、周辺で宿泊すると、旅館、レストラン、ホテルなどのビジネスにも貢献することになる。また、スペースポートの近所にたくさんのビジネス・チャンスは生まれるだろう。

このプロジェクトが成功すると、宇宙旅客機を東南アジアの国々、つまり台湾、韓国、マレーシア、インドネシア、ブルネイ、タイ、フィリピン、ベトナムなどに輸出することもできる。外国でのスペースポートの建設も、日本の企業にはビジネスチャンスとなるだろう。インフラストラクチャーとして設計、設備、建設、法律、航空産業との協力、コンサルタントのビジネスなども考えられる。

宇宙旅行は特に若者に人気があるため、エンタテインメント産業とも深い関係をもつ。現在の日本のポップスとテレビ番組はアジアでも人気があり、そこから新しい可能性が多く生まれると思われる。

また、宇宙旅行は子どもたちにも人気があることから、「理科離れ問題」対策として貢献することができる。例えば子どもたちが宇宙ホテルの設計に興味をもって、科学技術を学ぶことになると、日本の製造業における最先端の新産業への貢献として役に立つ。

そして、サブオービタルサービスは宇宙旅行の最終目的の始まりにすぎない。優れた設計をすることで、その輸送機は軌道まで行ける輸送機への開発ステップになり、軌道までの宇宙旅行サービスという大きな目標達成も可能になる。また、広告、保険、宇宙旅行への積立貯金のサービスなど、広い範囲のビジネスチャンスも生み出すことになる。

サブオービタル用スペースポートは田舎の重要な施設

サブオービタル用スペースポートを造る際には、既存の空港を利用することで建設費を安く抑える方法がある。空港は、航空輸送の専門施設として、電車、バスなどの交通網、駐車場、ショッピングセンター、近所の観光地、教育と訓練などのネットワークをすでにもっているため、効率的である。しかし、日本の大きな空港はすでに混んでいて、忙しく飛行機が飛んでいる。そこで新しくサブオービタルサービスを行うことは現実的ではなく、無理がある。

従って、サブオービタル用スペースポートは都会ではなく田舎の空港でつくる方がよい。都会に住んでいる人は、宇宙旅行をするために、田舎のスペースポートに行くことになる。これは地域経済活性化のすばらしい機会である。宇宙旅行をしようとする人たちは、家族や友達と一緒に数日間、旅館や温泉などに泊まり、旅行の準備や簡単な訓練をすることになる。東京だけを考えれば、これから一〇年後まで毎年何万人もの人が宇宙旅行をするようになれば、この人たち全員が地方に泊まることになる。

日本では、長い不況のために、ほとんどの地域の空港は赤字状態であるが、サブオービタルサービスにより売上高は改善されるようになる。都会から地方空港に行くチャータ便もできるかもしれない。さらにもう少し産業が成長すると、日本人全員が少なくとも一生に一度、宇宙旅行する時期が訪れるだろう。東京などの大都会からの乗客は毎年何十万人になり、田舎の旅館やホテルなどに百万人もの人が泊まることになる。

一回ではなく二回目を乗る、ＶＴＯＬとＨＴＯＬの両方に乗る、異なるスペースポートから飛ぶ、違う季節に飛ぶ、違う時間で夜間飛行「ナイトフライト」に乗るなど、リピーターも現れるだろう。

この活動の成長からビジネスチャンスをつくるために、県などの地方自治体にも多くの可能性がある。例えば、スペースポートの建物のデザインコンテストの開催。これは建築家にとって興味深い仕事であり、先端的なアイデアを生むだろう。初めてつくったスペースポートは、アジア初、日本初などのスペースポートとして、現在のお城のように観光地として今後数百年にわたって歴史に残る建築物になる可能性がある。これは建築のアーティストやデザイナーにとって、何より魅力的なチャレンジではないだろうか？ 地方自治体がこのようなコンテストを行えば、さまざまなデザインが考えられるようになる。日本古来のスタイル、仏教のスタイル、未来的、アジア的、宇宙的、環境エコや地方の歴史のスタイルなど、とても面白い提案はあるだろう。

政治的な便益

公共工事は経済の面から多くの無駄があることがよく知られているが、政治界のニーズには合うため、毎年何兆円の大規模に何十年中ずっと続いている。どの国でも、都会と田舎との生活格差を埋めるために、ある程度の補助金を田舎に配る必要がある。この補助金は各地域の失業などの状態に合わせるために融通がきくシステムで使われるものでなくてはならない。

二〇〇九年の政権交代後、公共工事の政治的な力が明らかになった。民主党政権は「コンクリートから人へ」というスローガンを使った。しかし、このスローガンは後で「コンクリートも人も」に変わってきた。この変化は公共工事の優れた計画に基づいているわけではない。民主党政権が地方へ補助金を配る理由として、ほかによい策が思いつかず、「公共工事は役に立つ」となってしまったのである。

大半の日本人は働き者なので、失業によってせっかくの人材や能力を無駄にしているのはもったいない話である。建設会社は常に何かを造りたいと考えている。問題は、日本でコンクリートの建設の仕事をすでに多くやりすぎてきたことだ。河川のコンクリート壁やダム、砂浜に並べるテトラポットなどが不要なものとして扱われはじめ、これらを廃止することは、地方にとってよいことではないかと提案されているのが現状だ。

このため、残念なことに、大半の公共工事は利潤を得ることができない。完成後、自発的にビジネスとして続くわけではない。たしかに建設中は雇用が増え、地方にお金が流れ、一時的に経済に貢献するのだが、建設が完了すると、納税者が返済しなければならない借金しか残らない。特に人口が減っている地域の経済を正常に活性化するためには、もっと魅力的なプロジェクトが必要である。

地方の空港でつくるスペースポートからのサブオービタルサービスはこの目的に非常に有望ではないか？　宇宙旅行のアイデアが広がり、誰もが一回は宇宙に行こうと考えれば、日本だけでも毎年百万人の乗客となれるので、地域のスペースポートに充分な需要がある。スペースポートの施設は、近所の経済に貢献するインフラストラクチャーになるため、公共工事として建設することができる。

また、義務教育として中学生の宇宙旅行の費用を公共工事の予算でまかなうというアイデアもある。これは前例がないが、イノベーションとして良いアイデアではないだろうか？　おかしいと思われるかもしれないが、現在のプラネタリウムの見学のように、二一世紀に最適ではないか？　ほかにも複数のよい利点があるので次に記す。

1. 政治界の観点から、これは受け入れられやすい。なぜなら学校の卒業旅行のようなサービスを公共工事の代わりの予算で行うことは、失業の多い場所にとっては簡単で融通が利き、短期的に予算を地方に配ることができるからである。

2. 子どもの宇宙旅行は、長くは続かない公共工事とは対照的に、長期にわたり経済を活性化することができる。宇宙旅行の乗客の人数が増えるほどこの新産業の成長に貢献する。この産業に関わる会社の経験が増え、外国のパートナーのメーカーと運航会社の訓練もでき、将来的に十倍以上大きく成長する軌道旅行サービスにつなげるようになる。

3. 政府が子どもたち全員にサブオービタル旅行一回分の費用を払うとしても、公共工事全体の一割程度の予算だけでできる。前述したとおり、チケット代が一人五〇万円としても年間五〇〇〇億円ですむ。公共工事は約五兆円もかかっている。この規模まで成長するのには約十年かかるので、最初から必要な予算はこれほど多くはない。このために使われる支出は、建設のように地方の経済に流れ、重要な新産業の創出に貢献する。

4. 学校に使われる「宇宙旅行学のカリキュラム」と一緒に実現すれば、日本人の生徒たちの教育に大きく貢献する。長期的に非常によくない影響を及ぼす「理科離れ問題」の対策として考えても、費用に対して価値が高いと結論できるだろう。

従って、前例がなくくるっていると思われるようなことでも、新しい経済成長を生み出す良いアイデアだと理解できるだろう。政府の裁量によって公共工事の予算の約一割を使えば、現在の公共工事の便益より良い結果を生み出すことができ、その便益は経済成長だけでなく、歴史的な価値のある建物を建てることにもなる。

このアイデアがいいかどうか理解するために、簡単な方法がある。子どもたちに聞きなさい。早速「いいアイデアだ」と答えるよ。子どもから学生まで、こんなに人気のあるアイデアは他にないので、日本の将来に必ず良い結果をもたらすに違いない。今の若い人達は古い世代が知らないことでも敏感に感じ取れるのだ。子どもたちの両親はこの機会を提供する義務があるのではないだろうか？　もし、日本の大人たちが自分の子どもに対してもこれを拒否すれば、これから続く日本の衰退の責任の百パーセントが、古いパラダイムに巻き込まれている大人たちの世代である。宇宙旅行の新しいパラダイムが他の国にだんだん受け入れられているので、日本がこの新産業界をリードすることができるため、いち早くこのパラダイムを受け入れる必要がある。

Column

宇宙旅行に興味のある日本の若い人達に

そう、あなたも、間違いなく宇宙に行けます。しかし、ほんのちょっとだけ条件があります。まず第一に、宇宙旅行について学ぶ必要があります。そんなに数学は必要はないですが、この本が説明するようにたくさん学ぶことはあります。でも、心配しないでください。結構面白い内容ですよ。たとえば、無重力で水が飲めるか?とか、何故、宇宙に行くと太陽がでていても星が見えるのか?とか、パニックになったらどうしますか?とか。

それ以外に、訓練も必要です。でも、これもまた楽しいですよ。無重力でどれだけ早く動くか?とか、星座をどれだけ知っているか?とか、宇宙旅行添乗員（スペース・コンダクター、略してスペコン）になれるか?などなど。

でも、残念ながら、最初の宇宙旅行は、たったの五分しかありません。しかも、五〇万円もかかります。でも、自分のお金で行けない人には実際には政府が補助してくれるでしょう。とにかく宇宙旅行とその関連活動が、経済発展のためになるのですから、これから実現されるでしょう。

いずれにしても、素晴らしい体験となることは、間違いないのです。深淵の宇宙に浮かぶ地球を眼下に見ながらロケットのパワーの気持ちを一生忘れないように！

若い世代のための宇宙旅行維新

長期的に考えると、宇宙旅行の実現の一番重要な便益は、日本の若者たちが新たな志を抱くことであろう。二〇年もの間、日本の若者は、新産業不足のために活気がなく、未来は暗く、希望ももてずに病んでいる。しかし、影響力のある日本人の指導者が現れ、宇宙旅行の発展が日本の成長に大いに貢献し、この状態を長期的に簡単に治すことができることを理解し、そのことが世間に公表され、一般の国民がこの方針に興味をもつことになれば、明るい将来に希望をもてるようになるだろう。その上、日本がこの産業をアジアで指導するようになれば、より多くの便益が受けられる。すべての産業に通じて高い能力とノウハウをもっている日本は、高い確率でこの産業の主導者の立場に立てるだろう。ただし、今まで日本の企業のアクションが遅くては手遅れとなってしまうので、早期に事業化を進めなければならない。

上記に書いた通り、政府の決めた特別な人しか宇宙活動はできないという「天動説」の誤りは明らかになった。そしてこれからは、誰でも宇宙旅行に行ける「地動説」こそが正しく、一般にもすでに受け入れられつつある。今までの誤った政策をもっと早く認識し、この有望な新産業に最も早く投資する国が現在の激しい国際競争に勝つだろう。

残念ながら、九〇年代の先駆者は日本人だったのに、現状で日本はこの分野にまだ投資していない。現状では、勝っているどころか、すでに進んでいる他国と比べて、周回遅れになっている。日本が何もせずにいるうちに、アメリカやヨーロッパだけでなく、韓国も二〇〇九年から投資を始めたのである。

しかし、日本の国民が明治維新のように、この分野の政策を変えるように主張すれば、日本はこの魅力的な新産業をアジアの中でリードすることができることは自明だ。これにより、この産業を主導する若い日本人は二一世紀に、アジア中の手本になるだろう。

新産業における若い日本人主導者は多くのスキルをもつだろう。熱心に勉強し、異なる知識をたくさんもち、航空産業のように安全についてまじめに考えるだろう。乗客に対しては、旅の楽しみ方や、教育のサービスも考えるようになる。現在のような暗い発想はなくなり、明るく楽しい仕事が増えるので、率先して仕事に従事するようになるだろう。そして、若い日本人全員にとって、これらの仕事の方向性は、今の暗い行き詰まりから解放され、エキサイティングで、いつまでも続く未来への希望とつながり、基本的によい方向性であると感覚的にも判断でき、心からそう信じるようになるだろう。

日本がよい方向を見つけられずに過ごした二五年間の後、もしも進むべき方向を見つけることができたら、日本人特有の上下関係システムや、伝統である「高い信頼、低い摩擦」の文化などと相まって、新しいアイデアが妨害されることなく、賛成される方向にさらに拍車がかかり、支持層を増やす結果となるであろう。このような状況になれば、宇宙旅行産業に従事する若い主導者は何よりも自信と誇りをもって、自然に最高の愛国者になるだろう。

日本の意識調査では、現在の日本の指導者の失敗については、国民が見放してしまう傾向にあるが、これとは対照的に、宇宙旅行産業の発展というすばらしい結果が実れば、多くの問題が一気に解決し、多くの国民が賛同するに違いない。

では、逆の可能性についてもちょっと考えてみたい。もし、日本が宇宙旅行を指導せず、アジアでほかの国がこの新産業を指導するとしたら、若い日本人は自分の国に誇りがもてずに、完全にあきらめてしまうのではないか？　そしてこの暗さは二一世紀中続くことになるだろう。気がついたころに多額の税金を投資してもすでに遅く、先行している費用の安い国に追いつくことができない。

しかし、有人宇宙飛行の始まりから五〇年の今からでもすぐに着手し、早急に推し進め、早期に事業化を完了させれば、宇宙旅行産業に参加しようとする日本の若者は、数年後には、スペースコンダクター（スペコン）やパイロットや地域のスペースポートの社員などで最高の夢を実現することになるだろう。そして毎年、新しい輸送機が製造され、日本の各地にスペースポートが建設され、雇用も増えるため、この仕事に従事する人たちはどんどん増えるのである。

田舎（地方）でこのようにおもしろい宇宙旅行の仕事があるなら、若い人は都会に行かなくなるだろう。それより、逆に都会の若い人たちはこの魅力的な新産業で働くために好んで田舎に住みにくるようになるかもしれない。宇宙旅行産業より格好いい仕事はほかにないので、若い人たちのエネルギーに後押しされ、関連する仕事が田舎にどんどん増えるようになるだろう。

そして軌道までの宇宙旅行の開発のおかげで、この仕事はさらに十倍に増える。前章で書いたように、メーカー、スペースポート、宇宙旅行会社、そして数万人の宇宙ホテルマンの仕事が生まれる。その上、太陽発電衛星という新しい電気エネルギーや月面建設などの宇宙での新産業も長期的に成長する。

現在、日本人の若い歌手、俳優、テレビ番組などは、アジア、特に東南アジアで人気だと言われている。しかし、その人気は、日本がアジアの先進国として経済成長を導く国としてみられることになったためである。お金持ちのアジア人として欧米人より憧れられた。しかし、アジアの国がどんどん発展しながら自国の歌手や俳優が人気になってくるに従って、日本人のタレントの影響力はどんどん小さくなっていくだろう。近年、日本での「韓流ブーム」はこの現象ではないか？

もしも、若い日本人が二一世紀の間、長期的にずっとアジアの宇宙旅行産業の主導者でいるならば、それより格好よくクールなものはほかにないのではないか？　そうすれば、若い日本人がもつ最先端なイメージが薄れることはない。この革命的な新産業の若い主導者は魅力的な新世界の道先案内人として、自信満々に自分の仕事に対するやる気、仕事の価値、二一世紀の世界平和に大いに貢献する国として日本を誇ることができ、プライドをもつことになるにちがいない。

その産業が成長し続けるに従ってもっと面白い仕事が生み出され、若い日本人は自分の経験から、責任を与えられたほうが面白いことを学ぶだろう。そしてファンタジーのゲームよりも、自分の文化を宇宙まで広げることの方が数段楽しいと理解することになる。

もちろん、宇宙旅行産業で働くために、若い人たちは、やる気があって、健康で、必要な能力を有して、乗客の安全をまじめに守るが、乗客を楽しませることも必要である。そして、日本人の代表として非常にイメージがよく、すばらしい人（人格者）としてみられることになる。そして日本がもっている巨大な産業と経営のパワーをこれに向けて使うことにより、魅力的で最高に面白い経験として、すばらしい宇宙時代に見合う教育を世界中に提供することができる。

アジアで最初にやることが何より重要で、これで日本人は二一世紀の黄金時代をつくる違いない。

そして軌道へ（日本における軌道プロジェクトの提案）

サブオービタルサービスがどんなに人気になって成功しても、本当の目的は軌道まで安くて安全に行けるようになることである。地上から低軌道まで行くより、低軌道から月面への往復の方が簡単なので、低軌道まで行くのは"Half-way to anywhere"と呼ばれ、どこまで行くのにもエネルギー的に約半分程度ということである。従って、地球低軌道まで安く行くことは真の宇宙進出の扉を開く重要なカギになるのである。

もし、再使用型の乗り物によるサブオービタル飛行がドイツ人の先駆者の志向のように、一九四〇年代に始まっていたら、軌道までの飛行サービスは一九七〇年に始まることができた。今から軌道までの飛行サービスの開発はまだ一五年はかかると思われるので、宇宙政策のミスのために五〇年以上遅れることになった。

先に日本が投資すべきであると私が提案した二つのサブオービタルプロジェクトは、最初から、軌道まで行ける乗り物の実験機として設計されている。宇宙丸の開発と運用が成功すれば、ＪＲＳが一九九三年から二〇〇二年まで研究したＶＴＯＬ機の観光丸の開発につながる。アセンダーを製造して運用し、成功すれば、二段式のＨＴＯＬ機のＳＰＡＣＥＣＡＢや大型のＳＰＡＣＥＢＵＳの開発につながる。簡単に言うと、上段のオービタ（軌道まで飛ぶ輸送機）は先端的なアセンダー（すなわち、もっと強力なロケットエンジンや高強度、軽量の構造を使う）、下段のキャリア（離陸するためにオービタを運ぶ輸送機）は大きなアセンダーで、オービタを運ぶために大きな推進力が必要で、大きな燃料タンクをもっている。

軌道まで行ける乗り物の開発は、サブオービタルより大きなプロジェクトになる。費用は約十倍、使用する推進剤は約五〇倍になるだろう。現在の大型飛行機のプロジェクトと同じく、軌道までのプロジェクトは国際コンソーシア

スペースキャブ

ムとして実現することになる。約一兆円の開発費用を複数のパートナーで分けるため、各国の負担は軽い。もし、私の提案どおり、日本の会社が、すぐにサブオービタル用輸送機を開発すれば、競争力の向上のためにVTOL、HTOL両方のプロジェクトの三分の一程度を引き受けるようになるかもしれない。

国際プロジェクトによる共同開発は、商業的な面での成功および価値の高い先端技術を開発するため、一つの国でプロジェクトのすべてを受け持つより望ましいと考える。前もって、どちらのプロジェクトが成功するかはわからないので、VTOL、HTOLの両方のプロジェクトに参加するべきで、それにより成功する確率も上がる。その上、航空機の製造のように一つの国での開発より複数の国のパートナーが参加することで、各国に最も売りやすくなる。

サブオービタル用輸送機のテストフライトが始まれば、軌道までの輸送機の設計が始まる。サブオービタル用輸送機が免許を受けて運用が始まれば、軌道までの輸

スペースバス

送機の設計は完成されるだろう。軌道までの輸送機の開発とテストフライトはサブオービタルより時間がかかるが、原理として飛行機の発展と同じように段階的にもっと早く、もっと高く飛べるようになり、継続して発展していく。軌道までの運用が始まれば、さまざまな異なるサービスを供給するためにどんどん拡大するだろう。最初の段階で軌道までの飛行は数時間地球軌道に乗って還る程度であるが、その後の軌道飛行はホテルにドッキングし、乗客は数日間宇宙ホテルに滞在することになるだろう。

そしてオービタル用スペースポートへ

サブオービタルは、地方の多くの異なるスペースポートから飛ぶことになるかもしれない。なぜならば、サブオービタルに必要な設備は小さく、高高度レーダーと推進材のタンクがあればよいので、簡単で安く始めることができるからだ。しかし、軌道飛行には約五〇倍の推進剤が必要で、複数の飛行機が同時に離陸する必要がある。なぜなら飛行のタイミングはサブオービタルとは異なり、同じ軌道のホテルや施設に行くためには、行きたいホテルの軌道平面をスペースポートが通過するときしか離陸できないからである。

従って、あるスペースポートから選んだ軌道まで打ち上げるためのウインドーは一日二回しかない。この打ち上げウインドーは毎日二四分ずつ前にずれるので、スペースポートの運営は二四時間になる。前章で示した通り、ほとんどのホテルが二つの軌道に乗るので、各スペースポートから一日に打ち上げられるウインドーは二回ずつになり、二つの軌道に対して四回のウインドーで同時に複数の旅客機が打ち上げられる。

SPACECABとSPACEBUSのような二段式HTOLの軌道旅客機のオービタが高高度でキャリアから離れて、軌道平面に投入される。地上からの離陸のタイミングは前もって離陸して軌道への投入のタイミングを合わせることができるので、もう少し融通がきく。対照的に、観光丸のような単段式のVTOL機は融通が利かず、正確に軌道平面の中に打ち上げないといけないが、滑走路の必要がなく、複数の打ち上げを同時におこなうことができる。

地球低軌道へ行ける旅客機のシナリオ

サブオービタル用輸送機の開発がすぐに始まれば、商業運用は五年後に始まり、約十年後に大量運用になり一人五〇万円まで安くすることができる。その後で、軌道まで行ける輸送機のテストフライトは二〇二五年に始まり、定期便のスケジュール運航が二、三年後に始まって、二〇三〇年代には大量運用になる。SPACECABやSPACEBUSのような二段式のHTOL機は単段式のVTOL機より開発しやすいので、商業運用は数年前に始まるだろう。

おそらく二〇四〇年ぐらいで、軌道までの旅行はまったく当たり前のことになって、日本人は一生に一回以上、軌道まで行くことになるだろう。毎年百万人であれば、毎日三〇〇〇人くらいの乗客になる。五〇人乗りの旅客機が、平均乗車率は八〇パーセントで、四〇人乗るとすると、毎日八〇便くらいになる。サブオービタル用旅客機とは異なり、軌道までの旅客機は一日数回飛ぶわけではない。ホテルの軌道への往復は二日間かかるので、旅客機の利用率が高くするために、離陸したスペースポートとは違うスペースポートに戻ることになる。そこから次の日に違うホテルまで飛んで、最初のスペースポートに還る方法が使われるかもしれない。

もし日本で二〇四〇年代に二つの軌道用スペースポートがあれば、それぞれ毎日四〇便が運航される。ほとんどの便は二つのホテルの軌道に行くために同じ軌道平面に入る必要がある。軌道ごとに二〇便で、一日に二回のウインドーがあるので、それぞれのタイミングで一〇便ずつ同時に離陸し、HTOLのSPACEBUSとVTOLの観光丸はそれぞれ五便が離陸する。HTOLは融通がきくので数分ごとに時間をあけて離陸するが、VTOLは同時に五便が打ち上げられることになる。これにより、騒音は大きくなるが、毎日四回だけで時間は短い。

このシナリオにより、軌道用スペースポートには、より大きな推進剤貯蔵タンクが必要となる。各フライトに数百トンを使えば、八〇便では数万トンにもなる。JRSは、一九九〇年代の研究で、日本と友好関係にあるカナダ、インドネシア、ロシア、イランなどの安いエネルギー輸出国から輸入し、スペースポートは港の近くに置くほうが輸入しやすいと示した。航空産業のように各フライトの全費用の三割程度は燃料なので、燃料供給業社には魅力的な市場になる。

もう一つの可能性として、推進剤をつくるためのエネルギーは太陽発電衛星により水素と酸素をつくり供給されることも考えられる。太陽発電衛星からマイクロ波によるエネルギーを受け地上でのレクテナ（受電設備）は、赤道の近くの東南アジアの無人島などの可能性もあるので地上のエネルギー供給に負担にならない。

軌道上ホテル

清水建設が一九八九年に出版した宇宙ホテルの設計は、世界中で話題になった。設計者は、よいビジネスになるために、軌道までの輸送コストがスペースシャトルの数パーセントまで安くならなければならないと見積もっていた。この輸送コストの実現が、SPACEBUSと観光丸の目的である。残念ながら、この研究は続くことはなかった。おそらく、政府が研究予算を出さなかったからで、もし研究予算があればもっと続いていただろう。

Column

古いパラダイムの被害者の宇宙開発建設研究会（CEGAS）

一九八〇年代後半のバブル時代に、一七社の日本の建設会社は宇宙開発建設研究会（CEGAS）を設立した。このCEGASは何回もの会議と発表会を開催した。そのメンバーはいろいろ面白い研究について記事を出版し、スペースポート、リニアモータを使う打ち上げタワー、清水建設の軌道上ホテルの計画などがあった。複数の会社は月面での建設プロジェクトを考え、清水建設の月面基地、西松建設の月面都市、大林組のガラスドームで囲まれた公園など、すばらしく、面白いアイデアがいっぱいあった。

残念ながら、その時からずっと長い不況のために建設会社は苦しい状態になったので、CEGASは活動しなくなってしまった。しかし、ちょっとだけの予算があったら、終わる必要がなかった。当時の宇宙政策の責任者が古いパラダイムに閉じ込められなければ、CEGASの仕事の経済的な価値を理解していた。毎年数千億円の予算から年に数百万円だけでも寄付金を上げたら、CEGASの研究が続いて、現在世界の最前線であろう。高層ビルの建設現場を見れば、複数の違う先端技術を見える：クレーン、鋼鉄、コンクリート、水道、下水道、電力、エアコン（HVAC）、太陽エネルギーと窓、インテリアデザイン、地震対策、セキュリティー等など。こういう能力は軌道上及び月面のたてものに既に応用するはずだがまだ本気で考えていない。だから建設会社がまずサブオービタル用スペースポートの設計に参加すれば、軌道用スペースポートをつくって、段階的に月面の都市までずっと拡大することができるだろう。そうすれば、日本経済の再生および若い世代の明るい将来に大いに貢献できる。

日本で行ったアンケート調査によると、日本人の大部分が、できれば、宇宙で数日間滞在したいと思っている。確かに、宇宙ホテルでは、楽しく過ごすためにたくさんの面白い経験をすることができる。

前章で示した通り、宇宙ホテルはだんだん発展して、もっと大きく、よい施設がどんどん造られていく。日本のホテルでは和風のサービスも提供するだろう。無重力で露天風呂やカラオケなどが用意され、レストランでうどん、そば、ラーメン、そうめんなどが食べられることは楽しいだろう。

ホテルのような大構造物は、無重力の軌道上で組み立てた方がつくりやすい。他のホテルと競争するために、もっと大きい部屋をつくって、そこに庭、スポーツセンター、劇場、公園などをつくるかもしれない。数千人のファン達が入れる無重力のスポーツスタジウムまで大きくなったら、次はアメリカ人のオニール博士が提案した「スペースコロニー」だろう。大切なのは、日本の宇宙産業が、国際宇宙ステーション・プロジェクトの参加のために、宇宙で暮らすために必要な設備とシステムをつくる経験を積んできたことである。日本の企業が宇宙ホテルを造る時、この経験はきっと役に立つだろう。

建設会社は、大規模で複雑な建設プロジェクトの経験をすでにもっている。宇宙プロジェクトでは、コンクリートよりアルミをたくさん使うので、地上における建設とは違うが、建設会社の経営能力は役に立つ。他の産業の経験も同様である。飛行機メーカーは特にアルミと軽量構造の技術とアビオニクス、造船メーカーも宇宙ホテルの建設に貢献する。また、クルーズ船の運用会社は宇宙ホテルの運営に似ている。宇宙ホテルの閉鎖空間は百パーセントリサイクルシステムであり、潜水艦メーカーの環境維持制御装置の技術も役に立つ。空気清浄とリサイクル、安全な食べ物、水の供給システムには飛行機、クルーズ船、潜水艦の技術も役に立つ。

従って、日本の建設、造船、飛行機、機械メーカー、電子システムメーカーなどの能力を使えば宇宙ホテルのような大規模な宇宙プロジェクトを上手に設計して効率的に実現することができる違いない。たくさんの異なる機械と精密部品が使われて高信頼性システムになる。いったん始まれば、お客さんにもっと面白いサービスを供給するホテルをつくる競争があるだろう。例えば、無重力のスポーツは、地上と違う感覚が面白くて人気になるのでもっと大きなスポーツ・センターやスタジアムをつくる競争が行われるだろう。他の国が進むまで待つのは機会を失うことであり、さっそく準備を始めることが重要である。

二十年の長い不況のために、日本のメーカーの仕事が足りないので失業は多い。この新しい分野に少しだけ力を入れば、成功して、次の段階まで続けば、次第に大きな新産業の大舞台になって、経済成長が続いて、若い世代も元気になる。しかし、いままで何年中と同じように、少しでもやってみないと大変もったいない。

エピローグ

謝辞

この本を書くにあたって、私に協力してくれた多くの人たちに感謝する。

第一に、麻布大学のすべての同僚に感謝したい。彼らはとても親切でやさしく、本来、私もやらなくてはいけない大学の教員としての講義と研究の他、通常の義務である委員会への参加などの活動も負担してくれた仕事を彼らがかたがわりしてくれたことを大変ありがたく思っている。私はこの本によって麻布大学に恩返ししたいと考えている。

また、この本でとりあげているプロジェクトにたずさわった多くの同僚にも感謝している。すべての人をここで紹介することはできないが、特に次の人たちを紹介したい。

まず初めに私が特に影響を受けたのがデービッド・アッシュホード氏とガリー・ハドソン氏である。私は彼らから宇宙旅行に関して二つの重要なことを教えてもらった。第一に「軌道までの旅費を下げることが一番大切な目標である」ということである。宇宙活動を実現するためには、使われる技術より費用が重要だということである。第二に「既存の技術を使うことで九九パーセントのコストダウンが可能である」ということである。さまざまな新しい技術を開発すればもっと安くすることができるが、一般的な中間層の人たちが宇宙旅行をするためには必要ないものである。

他の人にも感謝したい。九〇年代にパイオニアとして活やくしたＷＥＢサイト「Spacefuture.com」のＨＰにエネルギーを注いでつくったピーター・ウエインライト氏、スペース・ルネッサンス・インターナショナル（ＳＲＩ）を指導力とビジョンでリードしているアドリアノ・オーティーノ氏、優秀な同僚のマルコ・バーナスコーニ氏、そして、何年間もの間、いろいろな協力や相談に乗ってくれた長友先生の三人の弟子の佐々木進先生、稲谷成彦先生、及び成尾芳博先生にお礼申し上げたい。さらに、松岡秀雄先生、吉岡完治先生、若松立行社長、福岡隆氏、長谷川敏紀氏、平井大輔氏、スペースフューチャージャパン（ＳＦ／Ｊ）のメンバー（斎藤・小谷・辻・和辻・今村・脇本）、ＮＰ

O日本宇宙旅行協会（ＳＳＴＪ）のメンバーにも心から感謝する。また、ビル・ガーバッツ氏、ディートリッヒ・ケーレ氏、ジェイ・ペン氏、リチャード・ストックマンズ氏、トレバー・ウイリアムズ氏、イアン・マキンレー氏、および他のすべての協力者に感謝する。

また、宇宙科学研究所（ＩＳＡＳ）、旧航空宇宙技術研究所（ＮＡＬ）、旧宇宙開発事業団（ＮＡＳＤＡ）、宇宙航空研究開発機構（ＪＡＸＡ）の同僚にも感謝したい。ただ、私がある人から「同僚としてみずくさい人」と思われたことは残念である。その理由の一つは、これらの団体の活動が大きな成果を得ていたとしても、この本に書いているとおり、私はそうした方向は間違っていると信じている。国の宇宙政策が、まちがっている方向に行っていると私は思っている。本来、社会への貢献は、それぞれの個人や組織、団体が、もっている可能な能力に対して、支払われるべきものである。それが今の政策では、あまりにも少なすぎる。一方で、納税者の税金をたくさん使っているのである。この団体の多くの若いメンバーは私の提案を個人的には実現したいと考えているが、「残念ながら団体として許されていない」ので表向きには協力できないのである。これはとても残念なことであり、そして、彼らが、これから日本経済も世界経済も再生する宇宙旅行ブームに一日も早く参加できるようになることを願っている。

また、私の仕事に貢献してくれた世界中の若い同僚にも感謝したい。二十五年間の長い活動で研究予算なしでも協力してくれたこの人たちは最高の味方だ。

上記の人たち全員の努力のお陰で、宇宙旅行学というテーマがしだいに受け入れられて、色々な場所で招待講演やインタビューなどをすることができた。そうした活動を通して宇宙旅行学の重要性を説明することができた。

本書を執筆するにあたって協力いただいた東海大学出版会の皆さんをはじめ、編集や和訳に個人的に協力いただいた、今村さん、和辻さんにも感謝している。

最後に、編集と翻訳を担当して一緒にこの本を書きあげた「スペース・ヒューチャー・ジャパン」の小谷知己氏に感謝を述べたい。彼は、「SPS研究会・宇宙輸送費超低価格化分科会」の会長であり、様々な活動で宇宙旅行の実現に向けて貢献している人物である。そして、宇宙旅行の任意団体「スペース・ヒューチャー・ジャパン」を斉藤博栄氏と一緒に立上げ、宇宙旅行ポータルサイト（http：//www.spacefuturejapan.com/）をつくった。彼らは私の教えを良く理解し、門下生として世の中に宇宙旅行を広める活動を実施し、まさに私の教えを引き継ぎ次世代を担っていく人たちである。そして、さらにもっと若い世代や子供たちがこの活動にどんどん参加し、広がり、ずっと続いていくことを節に願っている。この活動を手伝っている人たちは権力に屈することなく、自分たちの判断で、この仕事が正しい、大切であると考えたこの若い人たちは次の世代の本当の指導者になるはずである。彼らは、自分がこのプロジェクトに貢献することができると理解し、これを進めるために多くの時間と労力を惜しまずに与えてくれた。この点で彼らはすばらしく、このプロジェクトを実現に導いていける人たちだと思う。もしも、日本や他の国の指導者がこの人たちに予算を出せば、このプロジェクトを実現できることは確かである。

現在の日本の二十年の低迷は、上の世代が決めた政策の失敗によるものである。残念ながら、上の世代には、この状況を打開して経済を活性化させ、若い人を元気にするようなアイデアは足りない。実際、経済活性化のために数百兆円を使ってもほとんど効果がなく、戦後最悪の状態を招いているのを見れば明らかである。

従って政策にたずさわっている人は、こうした若い人たちに賛同して、リソース（人、物、金）をつぎこむべきである。今までの政府は無駄なお金を使って失敗を繰り返してきたので、宇宙旅行を実現することについて今後拒否する合理的な理由はもうない。他のいいアイデアが節に足りないので、とりあえず、やってみるべきである。そうするとよい結果が出て、そのことに驚き、喜ぶことができるはずである。
もし宇宙旅行に百兆円かかるのではとてもリスクが高すぎるといえるが、宇宙旅行を実現させるためには年間百億円程度でよいのである。国家予算レベルでは、とても小さいリスクに過ぎない。ここにお金を使えば、毎年百億円程度で成長していくことができるようになる。早く決断すれば、成功する確率はどんどん高くなる。私は、同僚たちが宇宙旅客機の製造、スペースラインの運航、スペースポートの経営、宇宙ホテルの経営、月面のドームシティの建設、そして無数の関係しているビジネスチャンスを手に入れることを願っている「こんなすばらしいビジョンを実現するために、どんどん、がんばろう！」
著者が一九八六年から宇宙旅行産業の実現の重要性について国際会議に発表している。次に、近年のスピーチと講演の実績の例をリストアップしている。各国で開催されるシンポジウムなどに招待され、様々なスピーチを行い、予算がずっとゼロなのに、宇宙旅行産業の誕生の準備に唯一の貢献をしているとわかる。これはイノベーションの苦労だ！

時期：2012年10月3日
場所：京都、Noti's 第一回スペーストラベラーズナイト
タイトル：「人類の宇宙進出七〇周年を記念して」

時期：2011年9月23日（空の日）
場所：静岡県、島田市民総合施設プラザおおるり

タイトル：「民間宇宙旅行時代の到来と世界・日本の動き」
時期：２０１０年１０月２８日
場所：日本太陽発電衛星研究会シンポジウム
タイトル：「日本経済の行き詰まり、必要な成長戦略およびＳＰＳの可能な貢献」

時期：２００９年２月２３日
場所：ＣＬＳＡ社の投資者への「東京フォーラム」
タイトル：「宇宙旅行は２１世紀のいちばん大きな新産業になるのか?」（Space Tourism: The Largest New Industry of the 21st Century?）

時期：２００８年８月１７日
場所：ラジオ番組の「ザ・スペース・ショー」（www.thespaceshow.com 参照）
タイトル：１０００人目のインタービュー（前に、第１人目も、第１００人目も、第３００人目も）。

時期：２００８年5月２８日
場所：国際宇宙アカデミー（International Academy of Astronautics, IAA）民間宇宙輸送の第一シンポジウム、プレナリ・セッション、アルカション市、フランス。

タイトル：「宇宙旅行産業の如可なる発展が、雇用、経済成長、環境保護、教育、文化、そして世界平和に役立つこと」（What the Growth of a Space Tourism Industry Could Contribute to Employment, Economic Growth, Environmental Protection, Education, Culture and World Peace）

時期：２００７年2月２１日

場所：英議会の科学技術委員会の宇宙政策についてヒアリング（www.publications.parliament.uk/pa/cm00607/cmselect/cmsctech/uc66-v/uc6602.htm" www.publications.parliament.uk/pa/cm00607/cmselect/cmsctech/uc66-v/uc6602.htm　参照）

タイトル：「宇宙旅行の魅力」

時期：２００６年１１月２９日

場所：英政府の貿易と産業省（ＤＴＩ）の宇宙旅行の欧州での進展についてシンポジウム、ロンドン。

タイトル：「宇宙旅行の欧州への経済的便益」（Economic Benefits of Space Tourism to Europe）

時期：２００６年6月6日

場所：石川県立「スーパー・サイエンス・ハイ・スクール」の金沢泉丘高等学校

タイトル：「宇宙旅行の重要性」（The Importance of Space Tourism）。

時期：２００５年度以後、毎年４月１７月
場所：法政大学
タイトル：「日本経済：重要な新産業として宇宙旅行の進展」（Japan's Economy: Space Tourism as a Major New Industry）という講座。（毎年）

時期：２００５年１１月１０日
場所：英惑星間協会（British Interplanetary Society, BIS）「宇宙旅行：宇宙への安価な輸送への鍵」というシンポジウム、ロンドン。
タイトル：「宇宙旅行の経済的な便益」（The Economic Benefits of Space Tourism）

時期：２００４年７月２３日
場所：宇宙研究協会（Committee on Space Research, COSPAR）、パリ。
タイトル：「宇宙旅行：地球軌道から月へ」（Space Tourism: From Earth Orbit to the Moon）

時期：２００３年１１月２１日
場所：国際月探査ワーキング・グループ（International Lunar Exploration Working Group, ILEWG）の国際月コンファレンス、ハワイ。
タイトル：「月への観光旅行の将来」（The Future of Lunar Tourism）

時期：２００３年７月１７日
場所：アメリカ航空宇宙協会（American Institute of Astronautics & Aeronautics, AIAA）のライト兄弟の初飛行の百周年シンポジウムの「宇宙活動の次の世紀」というセッション。
タイトル：「宇宙観光旅行の市場および輸送インフラストラクチャー」(Space Tourism Market Demand and the Transportation Infrastructure)

時期：２００２年６月５日
場所：国際宇宙大学（International Space University, ISU）の宇宙輸送の将来についてのシンポジウム、ストラスブールグ市、フランス。
タイトル：「宇宙輸送の将来の宇宙旅行の準備」(Preparing for Passenger Space Travel, the Future of Human Spaceflight)

時期：２００１年１２月１０日
場所：Aviation Week & Space Technology, Vol 155, No 24, p 98, "The Next Century of Flight" の社説。
タイトル：「宇宙旅行は航空宇宙産業の危機の解決か?」(Space Tourism: A Remedy for Crisis in Aerospace?)

時期：２００１年６月２５日
場所：アメリカ宇宙輸送協会（US Space Transportation Association, STA）、宇宙旅行と観光についてのカンファレンス、ワシントン市。

タイトル：「宇宙観光旅行の経済性」（Economics and Space Tourism）

時期：2001年2月6日

場所：アメリカ連邦航空局（Federal Aviation Administration, FAA）商業宇宙輸送について毎年のコンファレンス、ワシントン市。

タイトル：「宇宙旅行の可能性」（Prospects for Passenger Space Transportation）　　等など

おわりに

本書の執筆中に起こった複数の歴史的な出来事は、ここで提案しているアイデアの方向性の正しさを証明している。

1　産業革新機構の設立

二〇〇九年、約五〇年間続いた自民党政権の最後の政策として産業革新機構が設立された。現在の新産業不足時代でこれは原理としてはよいアイデアであるが、なぜ、一九八六年の前川レポートの時ではなく、こんなに後の二〇〇九年に設立されたのだろうか？　設立から二〇一〇年までに約三百億円を投資したが、その効果については、結果が出るのに時間がかかる。そして、三百億という金額は、日本経済を元気にするために必要な投資の金額や公共工事などに比べても非常に小さい。前川レポートの後、民間企業が新産業をつくるための研究開発をおこなうのに、投資する金額が足りないことを認識するだけで二十三年もかかった。政府の投資効率が悪いという批判のためにも長い時間を要したかもしれない。たしかに、政府の投資による利潤は民間企業の投資に比べて少ない。しかし、数百万人が失業している今、新産業のために毎年、数兆円の投資は必要ではないか。

二〇〇九年には、もう一つの政策が導入された。三十件の研究プロジェクトに対し、新産業として成立するように五年間で九〇億円ずつを投資する計画であった。いわゆる毎年五百億円の予算。日本人がイノベーションに弱いと言われているがそのようなことはないだろう。日本人研究者からの申し込みが五百件を超えたが、九五パーセントものプロジェクトは投資を受けられなかった！　新産業不足恐慌寸前の現状に同じやり方で毎年三十のプロジェクトに投資すればよいではないか？

2　日本の資源戦争

二〇一〇年には、日本自身の資源戦争が始まったのではないか？　尖閣諸島のことである。漁業、天然ガス、石油の所有権の問題で中国との摩擦が広がり、レアアースの問題にも発展した。この問題は、これからどうやって解決されるか興味深い。中国の人口は日本の十倍で、核兵器も持っている。そして、政府は民主主義システムに抑制されていない。その上、「一人っ子政策」によって、多くの中国人の親が男の子を選んだために、男と女の比率は圧倒的に男が多くなっている。結婚できない男の人がすでに二五〇〇万人にも達したと言われ、異常な状態にある。もし、日本の地方の人口減少が続くと、中国人が多く移住することになり、中国の脅威から防衛が困難になるではないか？

日本で航空宇宙産業を中心に経済を再生して、地方のスペースポート・ブームを起こし、若い人たちが未来に希望をもてるようになれば、出産率も増える。さらに、資源戦争対策としては、地球外資源の利用が始まる。これよりよい対策はないだろう。

尖閣諸島の漁船衝突事件に対しては、日本人は弱腰な政府とは対照的にきちんと怒っていた。日本人もまだ捨てたものではなく、すばらしい部分が残っている。この本を読んで、何が正しいかを理解して、同じような強い気持ちで、早く、宇宙資源を開拓する方向はいい戦略とわかるではないか？

3 米宇宙政策の改革

二〇一〇年にNASAは大変換を起こした。一九五八年の設立以後はじめてのことだが、終了するスペースシャトルの代わりに、宇宙飛行士用ロケットを開発しないと決めたのである。これからの宇宙船は商業用ビジネスとして民間会社で開発する。新しく開発する会社はビジネスとして利益を得るために、宇宙飛行士だけではなく、一般人を乗せるものを開発しようとしている。軌道まで安く行けるロケットをいつ開発できるかは不明で、そのための投資をウォール街はまだおこなわない。しかし、アメリカ以外の投資家はサブオービタルサービスの開発のためにアメリカの会社に何百億円もの投資をしている。

おもしろいことに、サブオービタルサービスが始まる前にNASAは、CRuSR（後でFOPとなった）と呼ばれるサブオービタルサービスを使うプログラムを始めていた。研究者が科学、教育、技術の三つの分野においてサブオービタルサービスを使って研究するために補助金を出すものである。

もしNASAと他の宇宙機関がスペースシップワンのようなサブオービタル用輸送機を開発していれば、一九六〇年代のNASAのX・15のころに簡単に実現していたはずだ。そして、一九六八年に初めてのスペースプレーンのX-15の利用を中止させたことが、今まで四〇年間もの宇宙政策の誤りであったことの証明となっている。

各国の宇宙機関の考え方はほぼ同じなので、これから、NASAを見習ってJAXAとESAなどはこの役に立つ低価格のサブオービタルサービスを使うことになるだろう。しかし、経済の観点から、大勢の一般の人たちがこの楽しいサービスを買うことになることが一番重要である。

最近のアメリカの市場調査によると、今後十年以内のサブオービタルサービスは毎年数千億円の市場になると提案されている。これは、商用衛星打ち上げ市場の数倍大きいので、日本のメーカーもこの有望な新産業に参加する方がよいだろう。しかし、宇宙機関ではなく航空産業の考え方で進めないと、一般国民に人気のある成功する大規模なビジネスにはならないだろう。

4　はやぶさの大成功

この本を書いている最中にもう一つのタイムリーな出来事があった。それは二〇一〇年の小惑星イトカワからの〝衛星はやぶさ〟の地球への帰還である。これは、小惑星鉱業の始まりとして歴史に残る成果で、小惑星の資源を始めて持ち帰ったのは日本となった。サンプルは少量であったが、非常に貴重で、世界的に高く評価された。

新聞や雑誌ではこの〝はやぶさ〟について「今後の宇宙ビジネスにもつながると期待されている」と報道された。確かにそのとおりであるが、次の必要条件がある。小惑星の資源を使って経済成長に貢献するために、宇宙輸送費を大いに安くする必要がある。そうすると小惑星から資源を採掘するために費用を減らすこともでき、さらに、太陽発電衛星や宇宙ホテルの材料として使えるし、需要も増やすこともできるようになる。

〝はやぶさ〟という名前は、第二次世界大戦の主要戦闘機の名前で設計者は「糸川英夫先生」である。糸川先生は戦後、一九五〇年代に「ペンシルロケット」から日本のロケット再開発を始め、一九五六年に日本ロケット協会を設立した。そして、彼の研究所は宇宙科学研究所になった。一九九〇年代には、糸川先生の最後の教え子の一人である長友先生が宇宙旅行と太陽発電衛星の分野で世界をリードした。宇宙旅行の費用が安くなれば、「小惑星研究会」の再開も期待できる。二〇一二年と二〇一三年には、米ベンチャー企業（プラネタリー・リソーセズとディープ・スペース・インダストリー）は小惑星の資源を使うために設立された。日本人が、パイオニアのはやぶさから便益を受けるためにこの分野で産業用の研究を実施する必要がある。

5　オランダ航空（ＫＬＭ）も宇宙旅行を

オランダ最大の航空会社ＫＬＭは、二〇一〇年一一月にカリブ海キュラソ島からのサブオービタルサービスを、アメリカのエックスコア社と行うことを発表した。これでＫＬＭは、世界ではじめて宇宙旅行に参加する大手航空会社になった。宇宙旅行が本当に大きなビジネスチャンスになることが理解されてきた証拠である。政府が、世界のパイオニアであった日本ロケット協会を支持しなかったことは日本にとって大きな損失であり、重要なイノベーションの機会を先送りしてしまった。

6　ＪＡＡ／ＪＲＳのアンケート

前述したように、二〇一〇年一二月一一日に、東京は新橋にある航空会館で、日本航空協会（ＪＡＡ）および日本ロケット協会（ＪＲＳ）の第四回の宇宙旅行シンポジウムが開催された。二二〇人が出席した四時間のイベントの内容の一つとして、航空産業は乗客一人五〇万円のサブオービタルサービスの可能性について、輸送機、燃料などの費用の見積もりを出した。また、最後に、皆の意見を聞くアンケートを実施した。その結果によるとシンポジウム後のアンケートでは、「充実した内容で大いに満足できたという方も多い反面、日本の宇宙旅行についての具体的なアクションに繋がるものが乏しい」という厳しい意見もあった。また、「観光丸以来、日本ロケット協会では具体的な宇宙旅行の検討と提案がなされておらず、これから日本での宇宙旅行に向けた活動を加速できるような宇宙輸送機の提案やビジネスモデル、スペースポート構想などをロケット協会から発信したいと強く感じた」と言われた。

これはこの本の内容そのものである。

7　日本で行われた二〇一〇年十一月のAPECの会議

次のコメントをみると、新しい産業をつくる必要性は世界中で重要であることが理解されてきた。その席で、国際通貨基金副専務理事の篠原尚之氏は、日本が「新たな経済成長の源泉を見いだす必要がある」及び「どうやって見つけるかを議論すべきだ」などの意見を述べた。もちろん、具体的な提案はしなかったが、この本の著者の提案は新産業創出の有望な可能性の一つである。

横浜でのAPEC代表会議では、経済成長について話し合われた。そこで、成長戦略の五本柱が確認され、この成長戦略の四番目の柱は「革新的成長、新産業の育成」であった。たしかに、宇宙旅行産業の開発はこの戦略として最適であると考えられる。もしも、日本が低コストの宇宙旅行用旅客機を開発すれば、東南アジアの国は歓迎して、協力し、応援するようになるだろう。

このような状況にもかかわらず、政府の人たちは、「もちろん、宇宙産業は将来で可能性があるが、必要な技術開発にはまだ、長い時間がかかる」などと言うだろう。

これは間違っている！　これまで書いたとおり、人間の技術開発の歴史によって、宇宙への進出は半世紀の間に歪んでしまったので、今から宇宙旅行を実現しても、じつはすでに大幅に遅れているのだ。誕生の延期が長くなるに従って状況は危なくなる。高い失業率が二〇年間も続いているため、日本を含む先進国は重要な問題を抱え、世界中、特にＥＵは財政赤字に苦しんでいる。

8　ポスト福島のエネルギー政策

二〇一一年三月一一日までに、日本のエネルギー政策によると、電力供給の大部分は将来で原子力で供給する予定だった。そのために、他のエネルギー源の必要がないと言われたので、その研究予算はずっと半世紀中きびしく押さえられた。

しかし、三月一一日の悲劇のために、やはり、地震大国の日本には、安い原発は安全ではないと明らかになった。この矛盾を隠すために原子力産業はずっと、半世紀中、誤まった仕事をしていたが、今回五〇年前に決まったエネルギー政策の転換期になった。この半世紀中、日本政府は二〇兆円の補助金を原子力産業に費やしてきたが、これから他の研究分野に洗い直すこととなってきたと言われた。

これまでに説明したように、宇宙旅行産業が成功したら、打ち上げ費用をとても安くするので、宇宙でたくさんの新しいビジネス・チャンスは生まれる。この中で、太陽発電衛星は特に重要で有望であろう。そして太陽発電衛星への道は日本国民の価値観に合う。福島の事故のために、たくさんの日本人は原子力より太陽エネルギーの利用を増やそうとしている。

近年、数万人の日本人は東京で反原発の大きなデモを行っている。

また「メガソーラー」というプロジェクトは色々な場所で数メガワットの発電能力を造ろうとしている。ただし、残念だが、地面にある太陽電子パネルの発電するエネルギーの量は少ない。スペインの政府は一兆円を使ったら、平均として一キロワットのパネルの毎年の産出量は七〇〇キロワット時だけだ。一年には八七六〇時間があるので、太陽電池の利用率は八パーセントより少ないとわかった。

この問題のため、一九六八年に、米太陽エネルギーのパイオニアーのピーター・グレーザー氏は太陽発電衛星の概念を提案した。それから無線送電の技術が充分開発されたら、実験機の衛星を造るべきだった。しかし、原子力産業の影響で「要らない」と言われたら、数十年中必要な研究予算は拒否された。

それなのに、二〇〇九年に日本政府は、世界で初めて、新しい「宇宙基本計画」の中で、太陽発電衛星を開発するために、実験機を造るプロジェクトが発足された。ポスト福島の世界で、このプロジェクトを加速するために、予算はやっと増えるはずである。

太陽発電衛星は連続の太陽エネルギーを供給するだけではなく、そのシステムの開発中、他の役に立つ技術をたくさん開発されるので、関連している新しいビジネスチャンスは経済成長に大いに貢献する。宇宙で電力をたくさん使う企業や、金属の泡の技術の企業や、宇宙の資源を供給する企業などが設立され、成長するので、宇宙旅行産業の展開にも大いに貢献する。

従って、これは、「原発に任せて。他のエネルギー研究は要らない」という半世紀中の狭い考え方による勘違いの終わりになるので、他のもっと望ましい産業と世界への貢献を創出することができる。

9　世界人口と日本人口論

二〇一一年一一月に、世界人口が七〇億人を超えたと国連は見積もった。そのために、最近減少している日本人の子供たちの人数については話題になって、たくさんの悲観的な意見は発表されている。確かに、既存の人口減少のトレンドが続く限り、日本経済は弱くなる。そして中国、フィリピン、インドネシア、インド等の人口が増えている国からの影響は比較的に強くなる。

しかし、人口の成長率に対して、経済の状態そして社会の雰囲気は大きな影響となる。日本の場合、現在両方は数十年振によくないので、若い夫婦は赤ちゃんを育てることを先送りしている。しかし、日本の人口の減少はこの先も必ず続くわけではない。第二次世界大戦の後の「ベビーブーム」のように、人口のトレンドがすぐ逆になって、減少から成長するようになることは簡単。若い人達のマインドによるだけである。

この本が説明している新産業に十分投資すれば、日本の将来は暗いはずはない。一九世紀の産業革命のイギリスのように、必要な先端技術に指導して、この本での将来像を実現すれば、将来はとても明るくなる！

また、これで若い日本人の日本の将来についての考え方が楽観的になれば、日本人の人口はまた成長することになることは当たり前だ。この本が提案しているシナリオを実現すれば、平和的な経済成長が世界中可能になる。その上、日本の資源不足も決定的に直って、将来の成長は無限になる。それで、若い日本人が楽観的になって、育てたい子供の人数は自然的に増えることになるに違いない。このいい将来を実現するために、国の予算の責任者が若い世代のやりたいことを許す必要がある。それだけだ！

10　TPPより宇宙旅行は日本経済を再生する

米国が提案しているTPPというグローバリゼーションの強化、いわゆる貿易の自由化の交渉は大話題になって、賛否両論についての記事などは多く出版されている。支持者の考えではTPPは日本の「失われた二十年」を建て直すという。

しかし、反論者の考えでは、バブル後二〇年中悪化している所得格差などの日本の社会と経済の深い問題はグローバリゼーションのために起っている。従って、このグローバリゼーションにより起った問題を解決するより、TPPの参加はまた悪化するだろう！　他の言い方をすれば、TPPは最適な対策とは一八〇度だ。

大体グローバリゼーションのルールは大手企業の利潤を増やすために決まる。しかし、大手企業の既存の活動が雇用する日本人の人数はこれから大いに増えるわけではない。「超円高」が終わっても、発展途上国などの費用が安い国の競争のため、国内活動はまた圧縮するだろう。

実際、TPPが進むに従って、日本の優れている健康保険システム、義務教育、国立年金システム、刑務所などのサービスの全部は民営化されるリスクに直面している。残念ですが、日本が米国を真似ればいいという時代は終わった。米国から学べば便益を受ける分野はとても少なくなった。先進国の中で、米国の健康システム、義務教育、失業、年金などは一番よくない、すなわち不公平で足りないが費用の負担は高い。そのために、最近米国中広がっている「九九パーセントvs一パーセント」や「反格差」などのデモは政府に激しく押さえられているのに終わらない。

新産業のアイディアが足りない日本の大手企業は、米国を真似て、公共サービスを民営化すれば儲かると考えている。そして、他のアイディアがないから、ある政治家は大手企業の短期的な利益のためにグローバリゼーションの強化を支持している。しかし、これから日本の優れている大手企業でも既存の産業で日本人の雇用を増やすわけではない。近年の日本の政権が批判されていたように「将来像を示していない」ので、それで米国の五二番州になるのは他よりましではないかと考えているらしい。しかしそれは日本の終わりになろう。

それに関して、この本がはっきり示す将来像は分かりやすく、合理的、現実的、エキサイティング、明るくて有望である。そして、何よりも若い世代にも人気で、たくさんの日本人を雇用することになる。

従って、やって見る方が全面的にいい。「やってみない方がいい」と言う理由一つでも何もない。従って、実験としてでもやってみないといけない。

日本のいい将来を作るのは簡単である。若い人達が実現したいことを手伝うことである。当たり前だが彼らの経験は上の世代とは違う。彼らの頭が弱いわけでもないが生まれてから間違っている情報をたくさん与えられてしまった。特に消費主義、拝金主義、アングロサクソン資本主義、グローバリゼーションなどについてである。事実上、このアイディアは継続的ではない。今欧米の経済は何十年ぶりの大危機に低迷して、行き詰まってしまった。欧米の社会は借金だらけと究極的な所得格差で沈んでいる。従って、日本はまた米政府の危ない命令に従うより、自分にいい将来を造る道を決めなければ成らない。

日本人の若い世代は宇宙へ行きたい。だから彼らの夢を掴むために手伝うべきであり、とても簡単だ。例えば原発に使った補助金のわずか一パーセントだけでも、二一世紀中拡大し続く宇宙旅行産業は日本経済の新しい成長の軸を展開することができる。

一九四五年までに日本人の優秀なエンジニアー達が開拓した「秋水」のようなロケット飛行機の仕事をこれから再開すればＴＰＰを含む古いパラダイムの行き詰まりをさけて、日本人と日本の東南アジアの味方の国のために輝いている将来を実現することができる。

日本の富は日本人。

そして、日本の未来は若い人に託そう。

若者達がやりたいことをやってもらえば充分です。

国家の明るい将来像があります。

必要な予算は国家予算の一万分の一だけです。

それで輝く将来を創れます。

宇宙旅行は「できない」や「難しい」や「でたらめ」等を言う人達は無知な人か嘘つきです。

宇宙旅行産業の実現へ抵抗する人達は若い世代を裏切っているでしょう。

さあ、これで始めよう、早速。

要である。地球に戻るための再突入は大きなストレスがあり、空気摩擦のために温度は一三〇〇℃以上にもなる。

弾道飛行

ボールを投げたときのように初速と向き、重力による放物線を描く飛行形態で、同じ弾道飛行でも方向や速度により以下のようになる。

サブオービタル飛行するロケットが、エンジンをカットしたら弾道飛行する。大陸間弾道ミサイルや二地点間移動のような弾道飛行は技術的にはオービタル飛行に近いものになる（遠くに飛ぶためには大きな速度が必要）。勘違いしやすいが、弾道飛行＝サブオービタル飛行ではない。（サブオービタル飛行は弾道飛行の一つの形態）

宇宙局、宇宙機関

政府の宇宙政策を担当する機関。アメリカのNASAや日本のJAXAやロシアのRFSAやヨーロッパのESAなどのことをさす。

宇宙旅客機、スペースプレーン、宇宙船

再使用型宇宙機による輸送システム。サブオービタル飛行用もオービタル飛行用もある。

宇宙空港、スペースポート

宇宙旅行者が乗るスペースプレーンと宇宙船の発着のための施設。空港のようにターミナルビルなどの娯楽施設も含む。日本で宇宙空港を何ヵ所かにつくるが、それよりとても大きいオービタル用宇宙空港は一つ、二つだけだろう。

これだけは知っておこう！

宇宙旅行、宇宙観光

現在の海外旅行のように再使用型宇宙機で「誰もが、安く安全に快適に宇宙に行く」こと。ただ宇宙に行くだけではなく、ビジネス･サービスとして提供するため、手段、条件、環境などの方法が重要。なお、使い捨てロケットによるガガーリンや現在の宇宙ステーションへの宇宙飛行は含まない（これらは有人宇宙活動の範疇）。

有人宇宙活動

政府の宇宙プロジェクトとして、宇宙飛行士が、高額をかけて危険を覚悟で宇宙に行くこと。これに人がいけるために安くする方法はない。

再使用型宇宙機（RLV：Reusable Launch Vehicle）

飛行機のように、宇宙を往復し、簡単なメンテナンスと燃料補給により、何度も飛べる乗り物のこと。再使用型ロケット、再使用型宇宙船などともいう。特徴として「低価格、高頻度（大量運用）、安全・快適」は必須である。スペースシャトルは、部分的再使用型であったが、これらの特徴は持っていないのでRLVと呼ばない。

使い捨てロケット（ELV：Expendable Launch Vehicle）

ミサイル技術をベースにした、一回切りの使い捨てロケット。特徴として「高額、危険」のリスクが伴う。ただし、RLVのない現在の宇宙輸送では最も安く実績のある輸送機。

サブオービタル、準軌道（飛行）

ほぼ真上に秒速一キロメートルで高度約百キロメートルに到達し、自由落下運動で宇宙を弾道飛行で数分間だけ飛行するもの。オービタル飛行に比べて技術的には簡単で推進力（エネルギー）は約六四分の一で良い。従って、戻る時の再突入も大きな技術的な問題はほとんどない（再突入時温度も二〇〇℃程度）。

オービタル、軌道（飛行）

地球の周りを低高度（約三〇〇～八〇〇キロメートル）で周回する。地球を周回する軌道に入るためには秒速約八キロメートルの速度が必

パトリック・コリンズ教授の紹介

パトリック・コリンズ教授は一九五二年にイギリスで生まれ、ケンブリッジ大学で理科および経済学を学び、太陽発電衛星および宇宙旅行の経済性についての研究をおこない、これらの研究者として活躍しており、現在は日本の麻布大学で環境経済学を教えている。コリンズ教授は一九八六年一〇月、宇宙産業の国際発表会（International Astronautical Congress, IAC）で初めて宇宙旅行について「宇宙観光旅行の発展の経済的重要性（Potential Economic Importance of the Development of Space Tourism）」というスピーチをおこなった。それ以降、宇宙旅行を実現させるための研究は進み、現在その重要性がだんだん受け入れられてきている。一九九〇年代には日本で宇宙航空研究開発機構（現ＪＡＸＡ）の統合前の前身である宇宙科学研究所（旧ＩＳＡＳ）、航空宇宙技術研究所（旧ＮＡＬ）、宇宙開発事業団（旧ＮＡＳＤＡ）のそれぞれで何年中働いた経歴をもつ。一九九三年から二〇〇二年まで、コリンズ教授は日本ロケット協会（ＪＲＳ）の世界初の「宇宙旅行研究企画」に参加した。この研究の結果は世界でとても評価されている。コリンズ教授は宇宙活動の商業化について約二百冊の出版物を書いて、宇宙旅行の経済性の研究者として知られている。現在はＮＰＯ法人「日本宇宙旅行協会（ＳＳＴＪ）」の会長としても活躍している。

装丁－中野達彦
本文中イラスト－御米　椎
カバーイラスト－北村公司

宇宙旅行学　**新産業へのパラダイム・シフト**

2013年11月20日　　第1版第1刷発行

著　者　パトリック・コリンズ
発行者　安達建夫
発行所　東海大学出版会
〒257-0003　神奈川県秦野市南矢名3-10-35　東海大学同窓会館内
TEL 0463-79-3921　FAX 0463-69-5087
URL http://www.press.tokai.ac.jp/
振替　00100-5-46614
印刷所　株式会社真興社
製本所　誠製本株式会社

 ISBN978-4-486-01925-1　Printed in Japan